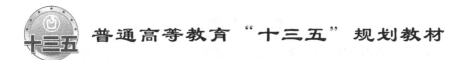

普通高等教育"十三五"规划教材

现代焊接与连接技术

赵兴科　编著

U0315667

北　京

冶 金 工 业 出 版 社

2022

内 容 提 要

本书在系统阐述焊接与材料连接的基本原理的基础上,以焊接方法为主线,分类介绍现代焊接与连接技术,着重分析现代技术与传统技术的共性与差异,试图展示焊接与连接技术的继承与发展脉络。全书共分为5章,第1章介绍了焊接与连接的基本概念、技术分类,并分类阐述熔焊、压焊和钎焊的基本原理;第2章介绍了现代熔焊连接技术,包括各类电弧焊、高能束焊以及复合焊方法;第3章介绍了现代压焊连接技术,包括电阻焊、摩擦焊、热压焊(扩散焊)和冷压焊方法;第4章介绍了现代钎焊连接技术,包括常规钎焊、特种钎焊和熔钎焊方法;第5章介绍了微连接技术,主要包括芯片级引线键合、器件级引脚连接和贴装方法。

本书可作为高等院校材料、机械、冶金、电子制造等专业的本科生和研究生教材,也可供材料加工及相关行业的科研、工程技术人员参考。

图书在版编目(CIP)数据

现代焊接与连接技术/赵兴科编著.—北京:冶金工业出版社,2016.6
(2022.1 重印)
普通高等教育"十三五"规划教材
ISBN 978-7-5024-7255-9

Ⅰ.①现… Ⅱ.①赵… Ⅲ.①焊接工艺—高等学校—教材 ②连接技术—高等学校—教材 Ⅳ.①TG44 ②TN605

中国版本图书馆 CIP 数据核字(2016)第 139553 号

现代焊接与连接技术

出版发行	冶金工业出版社	**电 话**	(010)64027926
地 址	北京市东城区嵩祝院北巷 39 号	**邮 编**	100009
网 址	www.mip1953.com	**电子信箱**	service@mip1953.com

责任编辑 杨 敏 美术编辑 吕欣童 版式设计 吕欣童
责任校对 王永欣 责任印制 李玉山
北京建宏印刷有限公司印刷
2016 年 6 月第 1 版,2022 年 1 月第 4 次印刷
787mm×1092mm 1/16;11 印张;262 千字;166 页
定价 32.00 元

投稿电话 (010)64027932 投稿信箱 tougao@cnmip.com.cn
营销中心电话 (010)64044283
冶金工业出版社天猫旗舰店 yjgycbs.tmall.com
(本书如有印装质量问题,本社营销中心负责退换)

前　　言

焊接具有连接质量好、生产效率高、加工方式灵活和成本较低的特点，是金属材料加工成型的主要技术，在大型工程、装备以及各个工业领域得到广泛的应用。随着制造技术的发展，焊接加工材料不再局限于金属，焊接方法也不再局限于单纯的熔化焊或压力焊，因此，导致传统的"焊接"曾一度被"材料连接技术"取代。目前，焊接与材料连接技术并用，习惯上焊接倾向指金属熔化焊，而材料连接技术倾向指固相焊、钎焊、熔钎焊和液相扩散焊等连接方法。

由于焊接与连接技术应用广泛，所以"材料连接技术"或"材料连接技术概论"是国内工科院校经常设立的专业选修课，以便不同专业方向的本科生或研究生学习必要的焊接基本知识。本书是为上述课程编写的配套教材，其目标是让基础不同的读者都可从中汲取所需知识。为此，本教材在编写时重点关注以下三个方面：（1）基础理论简明扼要，深入浅出，工科本科三年级以上的学生均可以通过听课和自学理解教材内容。（2）工艺方法全面、具体，除介绍传统的熔焊、压焊与钎焊外，增加微连接、复合连接等新技术，使读者对焊接与连接技术有比较全面的了解。（3）突出教材案例，通过一个典型方法介绍一类焊接与连接技术的原理、工艺特点、应用领域、技术进展与发展方向，帮助读者快速理解和掌握众多焊接与连接技术的主要特征。

本教材可帮助那些本科没有接触或仅学过少量焊接课程的读者快速领会焊接与材料连接技术的基本原理，全面了解焊接与连接技术的各类方法，准确把握焊接与连接技术发展脉络和发展方向。

本教材得到北京科技大学研究生教材专项基金资助。在编写过程中，参考了有关文献，在此向文献作者表示衷心的感谢！

由于作者的水平和时间所限，本教材难免存在不足之处，敬请读者批评指正。

作　者
2016 年 3 月

目　　录

绪论 ……………………………………………………………………………………… 1

1　焊接与材料连接的基本原理 ……………………………………………………… 4

　1.1　冶金结合及其实现途径 ……………………………………………………… 4

　　1.1.1　冶金结合的物理本质 ………………………………………………… 4

　　1.1.2　冶金结合条件与实现途径 …………………………………………… 5

　　1.1.3　材料连接的分类 ……………………………………………………… 7

　1.2　熔焊连接基本原理 …………………………………………………………… 11

　　1.2.1　焊接温度场和焊接热循环 …………………………………………… 11

　　1.2.2　熔焊冶金反应 ………………………………………………………… 15

　　1.2.3　焊缝与焊接热影响区 ………………………………………………… 20

　　1.2.4　熔焊焊接缺陷 ………………………………………………………… 25

　1.3　压焊连接基本原理 …………………………………………………………… 29

　　1.3.1　常温压焊连接原理 …………………………………………………… 30

　　1.3.2　热压焊连接原理 ……………………………………………………… 32

　1.4　钎焊连接基本原理 …………………………………………………………… 38

　　1.4.1　润湿与填缝 …………………………………………………………… 39

　　1.4.2　钎焊接头的形成 ……………………………………………………… 41

　　1.4.3　常见钎焊缺陷 ………………………………………………………… 44

　知识点小结 …………………………………………………………………………… 46

　复习思考题 …………………………………………………………………………… 47

2　熔焊连接技术 ……………………………………………………………………… 49

　2.1　气体保护非熔化极电弧焊 …………………………………………………… 49

　　2.1.1　钨极氩弧焊概述 ……………………………………………………… 49

　　2.1.2　活性钨极氩弧焊 ……………………………………………………… 54

　2.2　气体保护熔化极电弧焊 ……………………………………………………… 57

　　2.2.1　气电焊概述 …………………………………………………………… 57

　　2.2.2　冷金属过渡焊 ………………………………………………………… 61

　2.3　气体-熔渣保护电弧焊 ……………………………………………………… 63

　　2.3.1　手工焊条电弧焊 ……………………………………………………… 63

　　2.3.2　药芯焊丝自保护焊 …………………………………………………… 65

2.4 熔渣保护焊与窄间隙焊 ……………………………………………… 68
2.4.1 埋弧焊 ………………………………………………………… 68
2.4.2 电渣焊 ………………………………………………………… 71
2.4.3 窄间隙焊 ……………………………………………………… 73
2.5 电子束焊 ……………………………………………………………… 77
2.5.1 电子束焊概述 ………………………………………………… 78
2.5.2 低真空电子束焊 ……………………………………………… 81
2.5.3 非真空电子束焊 ……………………………………………… 82
2.6 激光焊 ………………………………………………………………… 84
2.6.1 激光焊概述 …………………………………………………… 84
2.6.2 复合激光-电弧焊 …………………………………………… 90
知识点小结 ………………………………………………………………… 94
复习思考题 ………………………………………………………………… 95

3 压焊连接技术 …………………………………………………………… 96

3.1 电阻焊 ………………………………………………………………… 96
3.1.1 电阻焊的原理 ………………………………………………… 96
3.1.2 电阻焊的类型 ………………………………………………… 98
3.1.3 电阻焊的应用 ……………………………………………… 101
3.2 摩擦焊 ……………………………………………………………… 103
3.2.1 旋转摩擦焊 ………………………………………………… 103
3.2.2 线性摩擦焊 ………………………………………………… 105
3.2.3 搅拌摩擦焊 ………………………………………………… 106
3.2.4 超声波焊 …………………………………………………… 110
3.3 扩散焊 ……………………………………………………………… 115
3.3.1 固相扩散焊 ………………………………………………… 116
3.3.2 过渡液相扩散焊 …………………………………………… 118
知识点小结 ……………………………………………………………… 120
复习思考题 ……………………………………………………………… 121

4 钎焊连接技术 ………………………………………………………… 122

4.1 常规钎焊 …………………………………………………………… 123
4.1.1 炉中钎焊 …………………………………………………… 123
4.1.2 浸沾钎焊 …………………………………………………… 127
4.1.3 火焰钎焊 …………………………………………………… 129
4.2 特种钎焊 …………………………………………………………… 131
4.2.1 电阻钎焊 …………………………………………………… 131
4.2.2 电弧钎焊 …………………………………………………… 133
4.2.3 激光钎焊 …………………………………………………… 134

4.3　熔钎焊 ·· 135

4.3.1　熔钎焊概述 ·· 135

4.3.2　激光熔钎焊 ·· 136

知识点小结 ·· 137

复习思考题 ·· 138

5　微连接技术 ·· 139

5.1　基本概念 ·· 139

5.1.1　电子组装 ·· 139

5.1.2　微连接技术 ·· 140

5.2　芯片引线微连接 ·· 142

5.2.1　热超声键合 ·· 142

5.2.2　载带自动焊 ·· 148

5.2.3　倒装芯片键合 ·· 150

5.3　器件引脚微连接 ·· 152

5.3.1　波峰焊 ·· 152

5.3.2　再流焊 ·· 153

5.3.3　微电阻焊 ·· 156

5.4　芯片贴接 ·· 157

5.4.1　导电胶粘接 ·· 157

5.4.2　金-硅共晶合金钎焊 ·· 159

5.4.3　银/玻璃浆料法 ·· 160

知识点小结 ·· 161

复习思考题 ·· 162

参考文献 ·· 163

绪　论

焊接最早可以追溯到青铜器时代，最早焊接的例子是青铜器时代焊接的金斧头。3000年前的古埃及人也学会了焊接技艺，他们的一些铁制工具就是采用焊接方法制造的。在中世纪一群被称为铁匠（见图1）的工人是焊接的前驱，他们用榔头锻打的方式制造了不同种类的铁质工具。这种锻焊方法直到19世纪初几乎没有什么改变。

19世纪焊接技术获得很大突破，出现了两种重要的焊接热源：气体火焰和电弧。

1836年，英国戴维（E. Davy）发现了乙炔。乙炔-氧混合气体可以产生热能集中的火焰，其温度超过大多数金属的熔点，可以用于焊接形状复杂的金属工具和器件。使用气体火焰（乙炔）是焊接历史上的一个重要里程碑。

1800年，英国戴维（H. Davy）爵士用电池在两个碳电极间形成电弧（碳弧）；1881年，法国莫利顿（A. De Meritens）利用这种碳弧产生的热量成功熔化了铅板；随后，俄国伯纳德和奥热维斯基（S. Olszewski）研发了电极夹，在美国和英国申请了专利；1881年，俄国伯纳德论证了碳极电弧焊（碳弧焊）工艺，设想电弧在基本不消耗的碳电极和工件间形成，金属棒可以向焊接部位添加额外所需的金属。伯纳德的设想奠定了现代电弧焊的基础，因此被称为"焊接之父"，其头像被印制在俄国的邮票上（见图2，邮票右侧为碳棒和碳弧）。

图1　正在锻焊的铁匠

图2　现代焊接之父伯纳德（俄）

碳弧焊是19世纪90年代最普遍应用的焊接方法（见图3）。与此同时，美国柯芬（C. L. Coffin）申请了金属电极电弧焊（金属弧）的美国专利。俄国斯拉文诺夫（N. G. Slavianoff）将相同原理的工艺用在模型中熔炼金属。基于石灰涂层有助于金属弧更加稳定，1900年，英国斯蒂罗蒙格（A. P. Strohmenger）发明了薄药皮焊条，手工电焊条一举成为当时最通用的焊接材料。1904年，瑞典柯杰博格（O. Kjellberg）发明了性能更加优越的厚药皮焊条，并创办了伊萨（ESAB）公司，该公司至今仍是全球领先的供应焊接设备、焊接材料和焊接技术的企业。1911年，美国林肯电器公司（Lincoln Electric）推出了世界首台可变电压的单人便携式焊机，有力地推动了焊接技术向高效、可靠方面的进展。这个时期还产生了其他一些焊接方法，如电阻焊中的点焊、缝焊、闪光对焊和凸焊等。

1916 年，工业气体供应商空气还原公司（Air Reduction Company（AIRCO））正式成立，并开始生产销售高纯氧气和包括乙炔的其他工业气体。AIRCO 公司在焊接领域提出了许多发明创造，包括著名的 GMAW 焊接。20 世纪 80 年代，AIRCO 公司把焊接装备业务卖给了 ESAB 公司，而保留了利润丰厚的工业气体业务。随后 AIRCO 公司的气体业务被英国氧气公司（British Oxygen Company）收购，2006 年又被德国林德（Linde AG）公司收购。

图 3　19 世纪 90 年代的碳弧焊

1924 年，亚力山大（Alexander）申请了著名的原子氢焊接工艺（atomic hydrogen welding process）专利，这种焊接方法看起来与 GMAW 相似，只不过用氢气替代惰性气体进行焊接保护，同时氢气在电弧作用下发生燃烧提供附加的热量。

20 世纪 20 年代，诺贝尔（P. O. Nobel）发明了自动电弧焊接技术，与此同时开发出了一些新型的电焊条。30 年代出现了螺栓焊，在建筑业和造船业得到推广应用。不久造船业中的螺栓焊被更先进的埋弧焊所取代。埋弧焊是在 1935 年由美国琼丝（Jones）等发明的。关于这项发明的地位，可以从艾文（B. Irving）发表在焊接杂志（The Welding Journal）上的论文看出："焊接的重要性早在战争中就备受关注。当时罗斯福（F. D. Roosevelt）总统写给丘吉尔（W. Churchill）一封信，据说丘吉尔对着英国国会（Britain's House of Commons）成员大声朗读此信。信里有这样的内容，'研制了一种焊接技术（指埋弧焊），它可以使我们建造标准商船，其速度远非以往任何时候可比'。"

1941 年，美国梅莱蒂斯（R. Meredith）在诺尔洛浦飞机公司（Northrop Aircraft Company）工作的 1940～1941 年期间，成功研制了用于铝和镁活性金属密封焊接新技术，这种焊接新工艺被称为氦弧（Heliarc），因为它是用电弧熔化基体材料而用氦气保护熔池的。美国诺尔洛浦（Northrop）领导的焊接小组发明了氦弧焊技术并研制了第一把 GTAW 焊枪。随后，林德（Linde）公司在氦弧焊的基础上研制了采用价廉易得的氩气替代氦气保护的 GTAW 焊接技术。1948 年，美国吉布森（Gibson）研制出了气体保护金属极电弧焊（GMAW），这是焊接技术史上又一个重要的里程碑。吉布森（Gibson）在一篇文章中提到"……，一生中最重大的一天是斯蒂芬（Steve）和我鼓捣出了第一把（GMAW）焊枪"。

1953 年，俄国利乌巴斯维基（Lyubavskii）和诺维斯洛夫（Novoshilov）将价格低廉的 CO_2 焊接工艺推广用于钢铁材料的焊接。随着焊丝制造技术的进步，细丝 CO_2 焊接工艺使得薄板材料的焊接更为便利。1955 年，加革（R. Gage）发明了等离子焊枪和等离子焊工艺。事实证明，等离子弧不仅广泛用于焊接，而且还常用来热切割和热喷涂。20 世纪 60 年代，焊接工业中出现了许多进展，双保护焊（dualshield welding）、内保护焊（innershield welding）和电渣焊（electroslag welding）是其中重要的焊接新技术。在法国出现了电子束焊。此后，世界范围内又不断有新的焊接技术被研制出来，包括俄国的摩擦焊、美国贝尔电话实验室（Bell Telephone Laboratories）的激光焊等。

1990 年，英国发明的搅拌摩擦焊是焊接技术发展的一个显著进步，不仅在铝合金焊接结构中获得广泛应用，而且其衍生的搅拌摩擦技术还用于材料表面工程及材料制备领域。

近年来，激光焊、磁控电弧焊等焊接新方法及其应用逐渐增加，一些复合焊接方法（见图 4）已成功用于造船、汽车等工业。

焊接与连接技术发展的主要推动力是产品制造的综合性价比需求。传统的焊接被公认为是能源消耗大、劳动强度大、劳动环境恶劣甚至危险的方法，但是随着科技的进步，新方法、新设备、新材料等现代焊接与连接技术不断涌现，传统焊接技术已经旧貌换新颜。

图 4　激光-电弧复合焊

焊接与材料连接的基本原理

材料连接的内涵有广义和狭义之分。广义的材料连接包括了焊接、胶接及机械连接等所有方法，连接接头可以是不可拆卸的，也可以是可拆卸的；狭义的材料连接专指焊接，既是制造业中的一种加工工艺，同时也是材料加工领域的一个专业方向。除非特别说明，本书中的材料连接均为其狭义内涵。

1.1 冶金结合及其实现途径

焊接与材料连接（Welding & Joining）是将两种或两种以上固体焊件（同种或异种），通过加热或加压或两者并用，在界面处生成冶金结合，形成不可拆卸的连接接头，从而实现物理量的可靠传递。从焊接的定义可以看出：（1）可以连接同种材料，也可以连接异种材料，包括性质差异很大的金属与陶瓷材料等；（2）需要采用一定形式的能量，能量的形式为热量和压力，只有热量或压力达到一定量时才可以实现材料连接；（3）微观机制是冶金结合，即达到原子间的相互结合，结合力为金属键或化合键；（4）接头不能拆卸为未焊前的状态，因为连接过程中界面原子发生了相互扩散；（5）目的是实现物理量的传递，最常见的物理量是力，需要一定的连接强度，有些材料连接还要满足电、磁、光、热等物理量的传递。

1.1.1 冶金结合的物理本质

1.1.1.1 金属键

焊接与材料连接的微观机制是实现冶金结合。所谓冶金结合就是原子尺度的相互作用，即形成化学键（chemical bonding，CB）。化学键是物质内部相邻两个或多个原子（或离子）间强烈的相互作用力的统称，根据物质的种类不同分为共价键、离子键和金属键等。金属材料连接的界面特征通常是形成金属键，金属与非金属材料（如陶瓷）连接的界面特征则多为离子键。

金属键（metallic bonding，MB）可以看作金属离子与自由电子之间的静电引力。由于电子出现在金属正离子周围各个方位的概率相同，因此金属键没有方向性。为了形成能量较低的稳定体系，球形金属正离子在三维空间作紧密堆积，从而构成不同晶格类型的金属晶体，如图 1-1 所示。

在无外力的情况下，晶体内部相邻金属离子间的作用力有两个：一是金属正离子间同种电荷的斥力，另一个是金属正离子与自由电子间异种电荷的引力（即金属键）。斥力和引力均随间距增大而减小，前者的变化速度更大，如图 1-2 所示。原子之间的引力源于自由电子与金属离子的异种电荷的相互吸引，原子之间的斥力源于金属离子间的同种电荷的相互排斥，金属原子在空间保持合力为零的平衡状态时的原子间距称

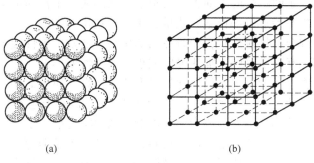

图 1-1　金属晶体结构模型

（a）堆垛模型；（b）晶格

为金属键长（约 $0.3 \sim 0.5nm$）。

1.1.1.2　冶金结合强度

金属材料的强度源于金属材料内部原子之间的引力作用。如前所述，在无外力的情况下，相邻金属原子相互作用的合力为零；当受到外力作用时，某些金属原子将偏离其平衡位置，重新建立合力为零的力平衡状态。外力是拉伸应力时，在作用力方向原子间距增大，原子之间的相互作用力表现为引力；反之则相反。外力越大，原子偏离其平衡位置越多，原子间的相互作用力也越大。当拉伸外力达

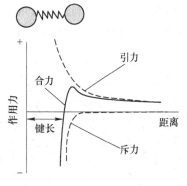

图 1-2　双原子模型

到一定程度时，金属晶体将沿其某一特定的晶面发生解理开裂或位错滑移，此时原子之间的相互作用达到最大值，此时的应力称为原子晶面结合强度，或简称为强度（intensity）。

异种材料冶金结合的强度取决于两者的黏附功（work of adhesion），其大小等于两物质结合前后自由能的变化量。无论是金属与金属、金属与陶瓷，只要形成原子晶格匹配，产生化学键作用，结合强度都可以用黏附功来表示。

理论上，同种金属材料的冶金结合强度接近本身、异种金属的冶金结合强度介于两种金属材料强度之间。对于不能形成晶格键合的两种物质的焊件，只要表面相距很近，也会因范德华（van der waals forces）引力而形成一定的结合强度。范德华力又称为分子间作用力。范德华力仅存在于某些冷压焊的界面连接，是否属于冶金结合尚有争议。

1.1.2　冶金结合条件与实现途径

1.1.2.1　冶金结合的条件

要实现冶金结合，只要保证待连接金属材料表面紧密贴合，所有原子相互之间都达到紧密接触程度（间距约 $0.3 \sim 0.5nm$）即可。然而实际上，经过精密加工的金属表面在微观上也是凸凹不平的，并且金属表面还常常具有氧化膜及其他物质的吸附层，如图 1-3 所示，阻碍待焊金属表面实现大面积的原子间距级别的紧密接触。

为了克服待连接金属表面紧密接触的各种不利因素，促使界面原子接近、形成原子间

结合，同时去除阻碍原子间结合的表面膜和吸附层，以形成一个优质的冶金结合接头，需要通过一定的工艺措施对待连接部位施以能量：压力和热量。

压力可以增加待焊金属接触面积，同时在局部接触点处发生塑性变形，表面的氧化膜被撕裂，新鲜的金属相互紧密接触；加热可以减小金属塑性变形的抗力，在较小的压力下可以达到金属相互紧密接触的效果。如果加热温度使得待焊金属表面局部熔化，则原固体表面消失、液体金属迅速混合，此时不需压力也可以使金属原子达到相互紧密接触的状态，待随后冷却过程中液体金属凝固成为固态焊缝，从而实现冶金结合。

每种金属实现材料连接必须满足一定的材料连接压力与材料连接加热（温度）条件，如图 1-4 所示，金属加热的温度越高，实现材料连接所需的压力就越小，处于图中曲线上方的工艺参数可以实现冶金结合。当材料连接温度达到或超过待焊金属的熔点，实现材料连接所需的压力为零。熔化焊接时不需要压力。

因此，焊接与材料连接又可以表述成：通过加热或加压，或二者并用，使分离的两种或两种以上的材料（同种或异种）接触处的原子形成化学键的过程。

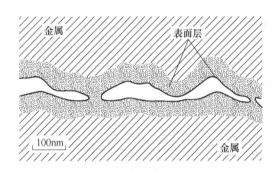

图 1-3　金属表面的微观结构示意图

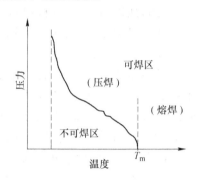

图 1-4　金属材料连接的压力与温度条件示意图

1.1.2.2　冶金结合的途径

金属焊接的本质是达到金属原子间距级别的紧密接触，微观上形成金属键结合。按照金属焊接接头的形成过程特点，分为 3 种基本形成机制。

（1）熔化与凝固。采用焊接热源对焊件局部加热，当温度超过材料的熔点后，材料熔化而形成一定几何形状的液体金属区域，称为焊接熔池（welding pool）。根据焊接过程中有无添加焊接材料，焊接熔池可以完全由熔化的焊件组成或由熔化的焊件与熔化的焊接材料组成。焊接熔池中液体金属通过对流实现混合。当焊接热源终止加热或离开，该处的液体金属开始冷却，温度降低到熔点附近时开始发生凝固形成晶体金属焊缝，从而实现冶金结合。通过熔化—凝固实现金属冶金结合的焊接方法统称为熔焊方法（fusion welding），熔焊的基本过程如图 1-5 所示。

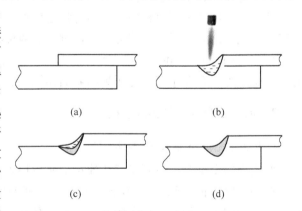

图 1-5　熔化焊接头形成过程示意图

（a）焊件装配；（b）加热熔化；

（c）冷却凝固；（d）焊接接头

（2）扩散—再结晶。施加一定压力将焊件装配在一起，然后加热并保温。在高温和应力共同作用下，焊件表面局部逐渐发生蠕变变形，由局部接触逐渐发展至大面积接触，形成初始接触界面；界面两侧原子发生扩散迁移，生成跨越初始界面的新晶粒（再结晶晶粒）；伴随再结晶晶粒的长大，初始接触界面逐渐消失，最终形成组织均匀的接头。通过扩散—再结晶实现金属冶金结合的过程称为压焊或固相焊（solid-phase welding），其基本过程如图1-6所示。

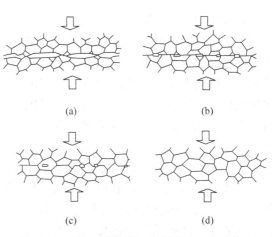

图1-6　压焊（固相焊）接头形成过程示意图
（a）局部接触；（b）界面形成；
（c）界面迁移；（d）形成接头

（3）钎料熔化—凝固。利用具有较低熔点的金属（钎料）在某温度下熔化成液态填充到待连接界面的间隙，并与焊件发生相互作用（溶解和（或）扩散），随后经过冷却凝固形成固相接头，这种材料连接过程称为钎焊（brazing/soldering），如图1-7所示。液体钎料与焊件在界面处发生原子互扩散，有利于去除焊件表面的氧化膜和形成冶金结合。钎料金属与焊件金属是否能够形成金属键合取决于两种金属晶格匹配。多数情况下钎焊界面能够形成金属键合；在不形成金属键的情况下，分子间作用力以及界面两侧的双电子层所提供的界面静电引力结合，可以提供钎焊界面足够的强度。

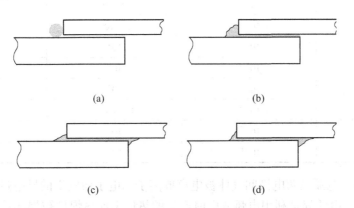

图1-7　钎焊接头形成过程示意图
（a）焊件装配；（b）钎料熔化；（c）润湿填缝；（d）形成接头

1.1.3　材料连接的分类

基于上述实现金属冶金结合的途径，焊接与连接技术分成熔焊、压焊和钎焊三大类。每一大类焊接方法又可以分成若干小类别。国际标准 ISO 4063 通过数字和字符组合来表示具体的某种焊接方法，如 {111} 为手工焊条电弧焊，{511} 为真空电子束焊等。本节主要从焊接热源、保护方式、接头形式等方面介绍材料连接技术的分类。

1.1.3.1　焊接热源

　　理论上，凡是温度高、能量密度高，能够将焊件待焊部位快速加热的热源均可以用于焊接。焊接热源的功率密度越高，实现的焊接速度越快，焊缝和热影响区越窄（见图1-8）。常见熔化焊方法的焊接热源的性质见表1-1。

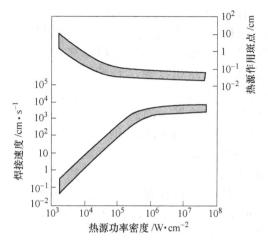

图1-8　焊接最大速度与焊接
热源功率密度的关系

　　（1）气焊。气焊即气体火焰焊接，是利用易燃气体与助燃气体混合燃烧生成的火焰为热源，通过焊件被焊部位以及焊材的加热，实现熔焊、钎焊或压焊连接。工业生产中常用的易燃气体包括乙炔、氢气、液化气、汽油和乙醇等；助燃气体主要是氧气或压缩空气。工业生产中用于焊接的易燃性气体主要是乙炔和氢气。

表1-1　常见熔化焊方法的焊接热源的性质

熔化焊方法	最小加热面积/cm^2	最大功率密度 /$W \cdot cm^{-2}$	正常焊接规范下温度/℃
乙炔火焰焊	10^{-2}	2×10^3	3200
金属极电弧焊	10^{-3}	10^4	6000
钨极氩弧焊	10^{-3}	1.5×10^4	8000
埋弧焊	10^{-3}	2×10^4	6400
电渣焊	10^{-3}	10^4	2000
熔化极氩弧焊	10^{-4}	10^4	—
CO_2 焊	10^{-4}	10^4	—
等离子焊	10^{-5}	1.5×10^5	18000～24000
电子束焊	10^{-7}	10^7	—
激光焊	10^{-8}	10^9	—

　　（2）电弧焊。电弧是两电极间气体被电离成离子和电子而发生的导电过程，伴有强烈的热、光等效应。电弧焊是利用电弧放电时产生的热量来加热焊件被焊部位以及焊材，实现熔焊、钎焊或压焊连接。与气体火焰相比，焊接电弧的温度更高、能量密度更大，而且操作更为安全、便利，因此电弧焊应用更加广泛。电弧焊的类型很多，常见的焊接方法包括碳弧焊、钨极气体保护焊、焊条电弧焊、埋弧焊、二氧化碳焊等。

　　（3）电阻焊。电阻热，又称焦耳热，是电流在导体中流过时电能转化成的热能。电阻焊是利用电阻热加热焊件被焊部位以及焊材，使局部熔化或达到塑性状态而实现熔焊、钎焊或压焊连接的一类方法。广义上讲，电阻焊应包括工件电阻热和熔渣电阻热。工程上电阻焊专指前者，后者称为电渣焊。

　　（4）辐射能焊。光波和粒子流均可以加热物质，因此在一定的条件下可以用于材料连接。工程上用于材料连接的辐射能源主要有激光、电子束、微波和红外线等。激光和电子束的能量密度比电弧高 10～1000 倍，用激光和电子束焊接时不仅穿透深度更大，而且焊接速度更快，可以用于熔焊和钎焊，因此这两种焊接热源通常被称为高能束流焊。微波和红外的能量密度较小，一般不用于熔焊，而仅用于压焊和钎焊连接。

（5）机械热焊。材料之间的摩擦和撞击会将机械能转变成热能和应变能，导致界面附近的温度升高和塑性变形，进一步诱发原子扩散、回复与再结晶等冶金反应，从而实现材料冶金连接。这类焊接方法主要包括锻焊、摩擦焊、超声波焊、爆炸焊等。

（6）反应热焊。前面提到的气焊是利用易燃气体与氧气的燃烧反应热进行焊接的，除此之外，尚存在一些固相燃烧反应，其燃烧热同样可以用于焊接，这类方法常见的有铝热剂焊、双金属多层膜焊等。

1.1.3.2　焊接保护

焊接过程中，空气（主要是氧和氮）可以与焊接区金属相互作用（溶解或反应）并残留在焊缝金属中，严重降低焊接接头的性能。因此需要采取一定的措施。常见焊接方法依照焊接方式进行的分类见表 1-2。

表 1-2　按照焊接热源和焊接保护对常见焊接方法的分类

焊接热源		焊　接　保　护				
		真空	气体	熔渣	自保护	无保护
传导加热		扩散焊	扩散焊	钎焊		
机械热						摩擦焊
化学热	气相反应			气焊		锻焊
	固相反应		双金属膜焊	铝热焊		
电阻热	直接传导			电渣焊		电阻焊
	电磁感应					
电弧热	熔化极		CO_2 焊	埋弧焊	自保护焊	高频焊
	非熔化极		等离子弧焊			
辐射能	电磁波	微波焊	激光焊			
	电子束	电子束焊				

（1）真空保护焊。真空保护焊是将工件放置在真空环境下进行焊接的一类焊接方法。常用的真空保护焊有真空电子束焊、真空扩散焊和真空钎焊等。真空保护可以用于焊接所有的金属材料，特别是化学活性较强的有色金属及其合金，但是不太适用于焊接易挥发的材料。

（2）气体保护焊。气体保护焊是利用外加气体对焊接区金属进行保护的一类焊接方法。焊接保护气体又分为惰性气体和活性气体，前者主要是氩气（Ar）和氦气（He）等，后者主要有二氧化碳气体（CO_2）及其混合气体等。氮气不与镍（Ni）、铜（Cu）等金属发生冶金反应，因此焊接这类金属材料时可以用价廉的氮气代替氩气和氦气进行气体保护。保护气体的引入可以采用喷气方式（如焊枪喷嘴），也可以采用充气式（如保护盒），或多路气体组合保护，如图 1-9 所示。

（3）熔渣保护焊。熔渣保护主要利用焊剂或钎剂熔化形成的熔渣覆盖在焊接区（液体金属和高温固体金属）表面将空气隔开而实现保护。典型的熔渣保护熔焊方法主要有埋弧焊和电渣焊。合适的焊剂有助于控制焊缝金属的成分和保护焊缝金属。根据其主要组成，焊接熔渣可以分为三种：盐型熔渣，又称不含氧熔渣，主要用于焊接钛、铝及其合金材料，盐型熔渣体系包括 CaF_2-NaF、CaF_2-$BaCl_2$-NaF、KCl-NaCl-Na_3AlF_6；盐-氧化物型熔渣，又称弱氧化性熔渣，主要焊接高合金钢，盐-氧化物型熔渣包括 CaF_2-CaO-Al_2O_3、CaF_2-CaO-SiO_2、CaF_2-CaO-Al_2O_3-SiO_2、CaF_2-CaO-MgO-Al_2O_3；氧化物型熔渣，又称强氧化性熔渣，主要焊接低碳钢和低合金钢，氧化物型熔渣包括 MnO-SiO_2、FeO-MnO-SiO_2、CaO-TiO_2-SiO_2。

（4）渣-气联合保护。渣-气联合保护是利用熔渣和气体联合进行保护的方式，采用该类保护方式的熔焊方法主要有焊条电弧焊和药芯焊丝电弧焊，因为药皮或药芯组成物在焊接过程中既产生熔渣又产生大量的气体（见图1-10），都起到了隔离大气的作用。

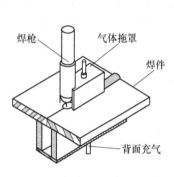

图1-9 钛合金 GTAW 焊时
多路气体保护示意图

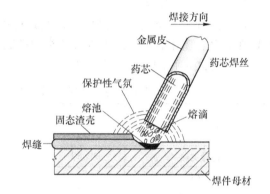

图1-10 药芯焊丝焊接过程中的
渣-气联合保护示意图

（5）自保护焊。自保护焊是通过在焊丝中添加脱氧剂和脱氮剂（氧和氮的强亲和元素），焊接过程中脱氧剂和脱氮剂与由空气进入焊接区金属的氧和氮反应生成氧化物和氮化物并形成熔渣，从而实现降低焊缝金属中氧和氮含量的方法。显然，自保护焊采取的是一种化学方法，而前四种是机械隔离空气的物理方法。

另外，电阻焊、机械热焊等焊接过程待连接界面在焊接压力作用下处于气密状态，装配本身就起到了隔离空气的效果，因此这两类焊接方法不用采取焊接保护措施。

1.1.3.3 焊接接头形式和施焊方位

（1）焊接接头形式。焊接接头形式主要有对接、搭接和角接三种。因工件的形状不同，焊接接头形式又可以分成若干类型，几种常见的焊接连接形式见表1-3。

表1-3 焊接接头形式

	对 接	搭 接	角 接
板—板			

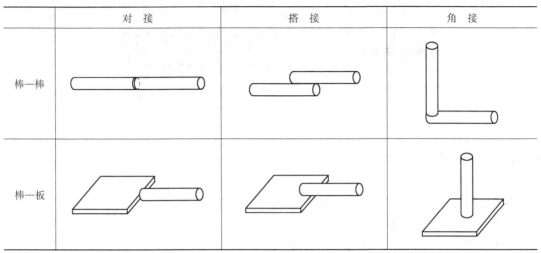

	对 接	搭 接	角 接
棒—棒			
棒—板			

（2）焊接施焊位置。焊接施焊位置主要有四种基本类型，即平焊、立焊、横焊和仰焊。对于轴线为水平方向的固定钢管进行环向焊接一周时，将依次经过平焊、立焊和仰焊等不同的施焊位置，此时称为全位置焊接，如图 1-11 所示。

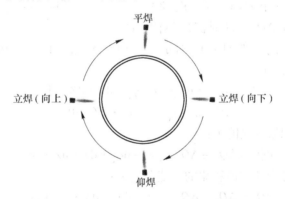

图 1-11　水平固定管环缝全位置焊接示意图

1.2　熔焊连接基本原理

1.2.1　焊接温度场和焊接热循环

熔焊过程中，在焊接热源作用下的焊件，沿焊接方向依次经历升温和降温的焊接加热过程（见图 1-12）。焊接加热具有局部性和瞬时性的特点。由于焊接热源能量高度集中，能在很短的时间内把大量的热传给焊件局部，造成焊件升温速度快，加热不均匀、热作用区域不断变化等，形成了独特的焊接传热规律。

1.2.1.1　焊接传热计算

一般地，焊接热源向焊件传热主要以辐射和对流为主（电阻焊与摩擦焊除外）；焊件内部的热传递则以热传导为主。焊接传热主要考虑焊接热源在焊件上的作用结果，因此焊

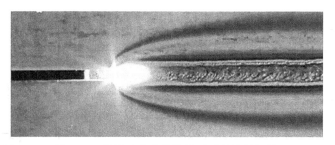

图 1-12　熔焊过程中焊接热源对焊件的加热

接传热的计算是基于热传导理论。

A　焊接热传导方程

热传导计算主要涉及两个基本方程，即傅里叶方程和拉普拉斯方程。

焊接过程中，焊件上某点在热源作用下，先升高后降低。温度升高是由于热源靠近而造成的输入热能大于输出热能；温度降低是由于热源离开而造成的输入热能小于输出热能。假设小立方体同时由三个方向（X、Y、Z）流入热能 ΔQ_X、ΔQ_Y 和 ΔQ_Z，同时流出热能 ΔQ_{X+dX}、ΔQ_{Y+dY} 和 ΔQ_{Z+dZ}，如图 1-13 所示。

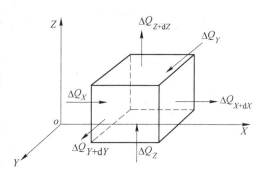

图 1-13　焊件上小立方体中热能累积示意图

由傅里叶传导公式可得：

$$\Delta Q_X = q_X \cdot dF \cdot dt = q_X \cdot dY \cdot dZ \cdot dt \tag{1-1}$$

$$\Delta Q_{X+dX} = q_{X+dX} \cdot dY \cdot dZ \cdot dt \tag{1-2}$$

则 X 方向瞬间所积累的热能为：

$$dQ_X = \Delta Q_X - \Delta Q_{X+dX} = -dq_X \cdot dY \cdot dZ \cdot dt \tag{1-3}$$

同理，在 Y 和 Z 方向瞬间所积累的热能分别为：

$$dQ_Y = \Delta Q_Y - \Delta Q_{Y+dY} = -dq_Y \cdot dX \cdot dZ \cdot dt \tag{1-4}$$

$$dQ_Z = \Delta Q_Z - \Delta Q_{Z+dZ} = -dq_Z \cdot dX \cdot dY \cdot dt \tag{1-5}$$

小立方体内总共所积累下来的能量：

$$dQ = dQ_X + dQ_Y + dQ_Z = -(dq_X \cdot dY \cdot dZ + dq_Y \cdot dX \cdot dZ + dq_Z \cdot dX \cdot dY)dt \tag{1-6}$$

将 $dq = \dfrac{\partial q_X}{\partial X}dX$ 及 $q = -\lambda\left(\dfrac{\partial T}{\partial S}\right)$ 代入式（1-6），得：

$$dQ = -\left[\frac{\partial}{\partial X}\left(-\lambda\frac{\partial T}{\partial X}\right) + \frac{\partial}{\partial Y}\left(-\lambda\frac{\partial T}{\partial Y}\right) + \frac{\partial}{\partial Z}\left(-\lambda\frac{\partial T}{\partial Z}\right)\right]dX \cdot dY \cdot dZ \cdot dt \tag{1-7}$$

另外，小立方体实际所积累的热与温度的关系式：

$$dQ = c\rho \cdot dX \cdot dY \cdot dZ \cdot dT \tag{1-8}$$

将式（1-7）和式（1-8）联立，得：

$$\frac{\partial T}{\partial t} = \frac{\lambda}{c\rho}\left(\frac{\partial^2 T}{\partial X^2} + \frac{\partial^2 T}{\partial Y^2} + \frac{\partial^2 T}{\partial Z^2}\right) = \alpha \nabla^2 T \tag{1-9}$$

式中　∇^2——拉普拉斯运算符号；

q——热流密度，W/m^2；

T——温度，K；

F——面积，m^2；

c——热容，$J/(kg \cdot K)$；

ρ——密度，kg/m^3；

λ——热导率，$W/(m \cdot K)$；

α——热扩散系数，m^2/s。

B　初始条件与边界条件

确定具体焊接条件下的传热问题，除了热传导公式外，还需要初始条件和边界条件。

（1）初始条件。初始条件是指焊件开始导热的瞬间（即 $t = 0$ 时），初始的温度分布。焊件的初始条件等于焊件焊前温度（环境温度或预热温度）。有时为了简化计算，可假设初始温度为 0℃。

（2）边界条件。边界条件是指焊件在它的几何边界上与周围介质的相互换热条件。焊件的边界条件往往非常复杂，给准确计算焊接温度场造成非常大的困难。为简化计算，通常假设焊件边界与外界绝热。这种假设下的计算结果有时与实际相差很大，尤其是存在气流冷却情况。

C　焊接传热求解

（1）厚大件的焊接传热求解。式（1-9）可用于焊接热源作用于厚大焊件上的传热计算，得到式（1-10）的公式形式，描述了热量由焊接热源作用点向焊件的三维方向传热而形成的温度演变情况。如图 1-14 所示为计算得到的焊接电弧在低碳钢厚大焊件上形成的温度分布曲线。

$$T(r_0,t) = \frac{q}{2\pi\lambda vt} \cdot e^{-\frac{r_0^2}{4at}} \tag{1-10}$$

式中　v——热源移动速度，m/s；

r_0——到热源中心的距离，m；

其他符号意义同前。

（2）薄板件的焊接传热求解。对于热源可以焊透的薄板，焊接热量沿二维方向传播，此时式（1-9）可以写成：

$$\frac{\partial T}{\partial t} = a\left(\frac{\partial^2 T}{\partial X^2} + \frac{\partial^2 T}{\partial Y^2}\right) \tag{1-11}$$

代入假设的初始条件和边界条件，可以得到相应的方程的解：

$$T(y_0,t) = \frac{q}{2\delta v(\pi\lambda c\rho t)^{1/2}} \cdot e^{-\frac{y_0}{4at}} \tag{1-12}$$

式中　δ——板厚，mm；

y_0——到热源中心的距离，m。

式（1-10）、式（1-12）是从理论上给出了焊件上温度、坐标（位置）和时间三者的关系，是焊接热传导计算的基本方程。将时间固定则可以得到温度与空间位置的关系（温度场），将位置固定则可以得到温度与时间的关系（焊接热循环）。

1.2.1.2　焊接温度场

焊接温度场是指焊件在焊接过程中某时刻的温度分布，焊接温度场可以表示成 $T' =$

$f(X，Y，Z)$。焊接热源作用在厚大焊件表面形成三维焊接温度场（见图1-14（a）），焊接热源作用在一次熔透的薄板焊件形成二维温度场（见图1-14（b））。

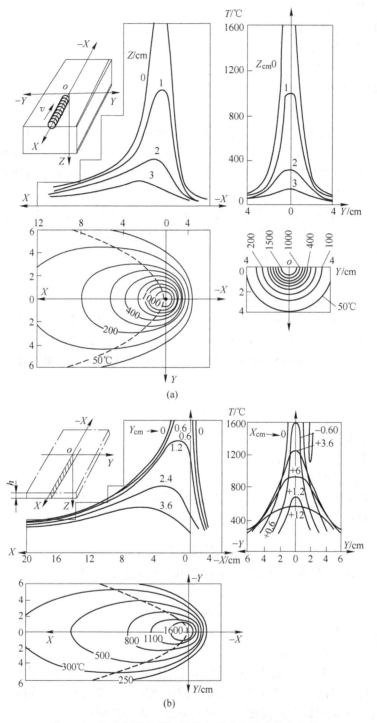

图 1-14　移动热源在薄板焊件上形成的温度分布曲线

（a）厚大焊件上的焊接温度场；（b）薄板焊件上的焊接温度场

影响焊接温度场的因素很多。

（1）焊接热源的性质。焊接热源的能量密度越高，温度场的范围就越小；反之则相反。

（2）焊接工艺参数。焊接工艺参数主要包括焊接热源热输入（q）和焊接速度（v）。从式（1-11）和式（1-12）可以看出，温度场的范围与 q/v 成正比，q/v 又称为焊接线能量，其物理意义是焊接热源输入到单位长度焊缝的热量（能量）。

（3）焊件的热物理参数。温度场的范围与焊件导热系数（λ）成反比。相同焊接线能量下，材料的导热性越好，温度场范围就越小。对于高导热的焊件需要更大的焊接线能量才能保证其焊缝成型。

1.2.1.3 焊接热循环

焊接过程中，热源沿焊件移动时，焊件上某点的温度随时间由低而高，达到最大值后，又由高而低的变化称为焊接热循环。焊接热循环对焊件近缝区造成特殊的热处理作用，使近缝区的组织与性能异于焊件，同时还会产生复杂的焊接内应力，严重时导致焊接变形。

焊接热循环可以表示成 $T^{xyz}=f(t)$，如图 1-15 所示。根据影响程度的大小，一般主要考虑四个热循环曲线的四个参数。

（1）加热速度（ω_h）。随加热速度提高，相变温度提高，第二相的溶解和扩散均不能充分进行。

（2）峰值温度（T_m）。峰值温度越高焊件的晶粒长大现象越严重。距离焊缝越近，焊接热循环的峰值温度越高，组织和性能变化就越大。

（3）高温停留时间（t_H）。高温范围的

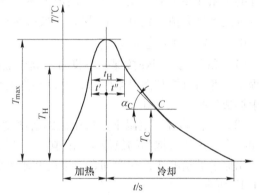

图 1-15　焊接热循环曲线示意图

确定与焊件的种类和焊前状态有关。钢铁材料为相变温度；对于无相变的材料，可根据具体情况，确定温度范围，如晶粒快速长大、第二相溶解，回复与再结晶等。

（4）冷却速度（ω_c）。冷却速度对于钢铁材料非常重要，冷却速度快会产生淬硬组织，诱发冷裂纹。冷却速度有时用冷却时间表示。

焊接热循环可以采用上述焊接传热理论进行数学计算，比如，将传热公式对时间求导，可以求得峰值温度 T_m。由于没有考虑实际焊接的各种因素，如板厚、接头形式等的影响，计算误差较大。实际工程中常常通过试验直接测得具体焊接条件下的热循环曲线。

1.2.2 熔焊冶金反应

熔焊冶金反应是在热源作用下焊接高温区域内的金属-气体-熔渣等之间发生的复杂物理与化学反应。熔焊冶金反应体系与焊接方法，特别是保护方式有关。除了高真空，其他保护方式总有一些气体参与熔焊冶金反应，影响焊接接头的性能。

焊接区内气体来源首先与焊接方法有关。气体保护焊的气体主要来自保护气及其所含的杂质（氧、氮、水分等）；焊剂保护焊的气体主要来自焊接材料，如焊条药皮、焊剂等

中的造气剂、所含的水分以及矿物质中的氧等。所有焊接条件下都或多或少存在空气（氮和氧）、水气等的侵入，保护不良时尤其如此。

1.2.2.1　氮的焊接冶金反应

氮主要来自热源周围的空气侵入。氮分子的热稳定性较高，受热到4500℃时开始分解为氮原子，到8000℃分解较为彻底。在典型的电弧焊接温度（约5000℃）下基本上以分子形式存在。

铜、镍等少数金属不与氮发生冶金作用（不溶解也不形成化合物），因此焊接这类金属可以用氮作为保护气体。其他多数金属则可以与氮发生焊接冶金反应，并且温度越高焊接冶金反应越强烈。

A　氮的溶解吸收

焊接条件下氮的溶解属于化学溶解过程：氮分子向气/液界面运动，被液体金属表面吸附；氮分子在液体金属表面分解为氮原子；氮原子越过气/液界面进入液体金属；溶解于液体金属中的氮向液体金属内部扩散。

液体金属溶解氮的数量与金属的种类、温度和氮气分压有关。氮在纯铁中的溶解度与温度的关系如图1-16所示。铁液的温度越高则氮的溶解度越大，当温度为2200℃时氮的溶解度达到最大值（约0.47cm³/g）。当铁液凝固时氮的溶解度突然降低至1/4左右。

B　氮对焊接质量的影响

（1）氮气孔。当焊接保护不良时，高温液体金属可以吸收大量的氮，在液体金属凝固过程中，氮因过饱和而发生脱溶，并以气泡的形式从熔池中外逸，若逸出不及时就会在焊缝中形成气孔（氮气孔）。

（2）室温脆性。室温下金属中氮的溶解度很小，高温下溶解的氮到室温下常常处于过饱和状态，这些过饱和的氮原子以间隙原子形式存在于金属晶格间隙及晶格缺陷部位，引起金属原子晶格畸变，在增加金属强度和硬度的同时，会显著降低金属的塑性和韧性，如图1-17所示。

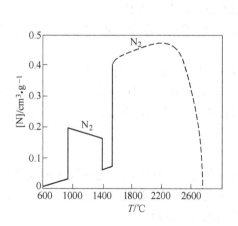

图1-16　纯铁中的氮溶解度曲线
$(P_{N_2} + P_{Fe} = 101\text{kPa})$

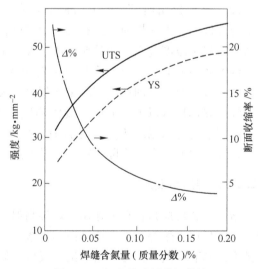

图1-17　氮含量对低碳钢焊缝
金属室温力学性能的影响

（3）时效脆性。固体焊缝金属中残留的过饱和氮，一部分会随着时间延长逐渐析出，形成针状氮化物（Fe_4N），分布在晶内或晶界，使焊缝金属的脆性增大。当焊缝金属中存在能形成稳定氮化物的元素，如钛、铝、钒、锆等，可以抑制或消除时效脆性现象。

C 含氮量的控制

（1）加强焊接保护。焊接区内的氮气主要来源于周围空气的侵入，不同的焊接方法，由于保护效果不同，焊缝的含氮量不同，见表1-4。

表1-4 不同焊接方法的焊缝金属含氮量

焊接方法		$w[N]/\%$	焊接方法	$w[N]/\%$
手工电弧焊	光焊丝电弧焊	0.08 ~ 0.228	埋弧焊	0.002 ~ 0.007
	纤维素型	0.013	CO_2 焊	0.008 ~ 0.015
	钛型	0.015	气焊	0.015 ~ 0.020
	钛铁矿型	0.014	熔化极氩弧焊	0.0068
	低氢型	0.010	药芯焊丝自保护焊	< 0.12

（2）短弧焊。焊接工艺参数中电弧长度（电弧电压）对焊缝含氮量的影响较大。电弧越长，焊接区的保护效果越差，同时熔滴与气相的接触时间延长，焊缝的含氮量增大。增加焊接电流，熔滴过渡频率增大，氮与熔滴的接触时间短，有利于减少焊缝含氮量。

（3）冶金脱氮与稳氮。钛、铝、锆、钒以及稀土元素对氮的亲和力较大，能形成稳定的氮化物，且氮化物不溶于液态金属，而进入渣内，减少液体金属中的氮含量。碳能够降低氮在铁液中的溶解度，同时碳在氧化性气氛中生成大量的 CO、CO_2 等气体，降低氮的分压，均有利于降低焊缝含氮量。

1.2.2.2 氢的焊接冶金反应

焊接区内氢的来源有焊接材料中的各类水分、焊丝和焊件待焊处表面的油污和氧化物、电弧周围空气中的水蒸气等。一般熔焊时总有或多或少的氢与金属发生作用。

A 氢的溶解吸收

氢向金属中的溶解途径与焊接方法有关，大致可以分为气相溶解和熔渣溶解。

（1）气相溶解。氢的气相溶解与氮的溶解相似，属于化学溶解过程。液体金属溶解氢的数量与金属的种类、温度和氢气分压有关。所不同的是，氢在焊接温度下几乎全部分解为氢原子，因此氢的气相溶解是氢原子直接被液体金属吸附，并扩散到液体金属内部。

（2）熔渣溶解。氢通过熔渣向金属中溶解时，氢或者水蒸气首先溶于熔渣，溶解在熔渣中的氢主要以 OH^- 离子的形式存在；在熔渣/液体金属界面发生电荷交换，氢得到电子成为氢原子而进入液体金属。与此同时，金属原子失去电子成为金属离子进入熔渣。通过熔渣溶氢的过程与熔渣的性质有关。

B 氢的扩散

在非氢化物形成金属的新凝固的焊缝中，氢主要以氢原子形式存在于金属晶格间隙中，形成固溶体（多数情况下是过饱和固溶体）。这种原子状态的氢具有很强的扩散能力，可以在焊缝金属的晶格中自由扩散，成为扩散氢。

一部分的扩散氢容易在金属晶格缺陷、显微裂纹和非金属夹杂边缘等晶格不连续的地方发生聚集，浓度达到一定值后结合成 H₂ 分子氢，失去在晶格自由扩散的能力，称为残余氢。

由于存在氢原子的扩散，焊接接头中的含氢量随时间而改变，如图 1-18 所示。随放置时间延长，扩散氢数量减少、残余氢数量增加，而总含氢量下降。这是因为一部分扩散氢在金属内部转变成残余氢，而另外一部分扩散到金属表面而从金属中逸出。

C　氢对焊接质量的影响

（1）焊缝氢气孔。高温液体中氢的溶解度比较大。如果焊接熔池中吸收了大量的氢，在结晶时由于溶解度突然下降，使氢处于过饱和状态，促使氢原子合成反应，生成氢分子（氢气）在液态金属内形成氢气泡。当氢气泡的逸出速度小于熔池结晶速度时，残留在焊缝金属中成为氢气孔。

（2）氢脆。氢的存在使钢室温附近的塑性严重下降的现象称为氢脆。发生氢脆断裂的含氢金属在其变形断裂面上出现的银白色圆形局部脆断点，又称鱼眼。氢脆与白点现象与扩散氢有关。扩散氢含量较高的试样在塑性变形过程中，由于位错的运动和堆积，金属内形成显微空腔，扩散氢沿位错运动的方向扩散移动，在显微空腔处聚集，结合成氢分子，空腔内产生很高的压力，导致金属变脆。焊缝金属的氢脆程度取决于含氢量、试验温度、变形速度及焊缝金属的组织结构。

（3）氢致裂纹。焊接接头焊后一段时间内，焊缝中扩散氢由于冷却条件和金属组织的变化，常常在热影响区的熔合线附近发生聚集；如果此处焊件已经发生淬火组织，产生一些显微缺陷，扩散氢于这些显微缺陷处大量聚集，并结合成氢分子；氢气内压力以及焊接应力使显微缺陷成为裂纹源，周围脆性的淬火组织易于裂纹扩展，裂纹源发展成为微裂纹；附近扩散氢不断向微裂纹聚集，微裂纹不断长大，最后成为宏观的冷裂纹，如图 1-19 所示。

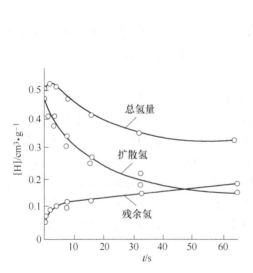

图 1-18　焊缝中的含氢量与
焊件放置时间的关系

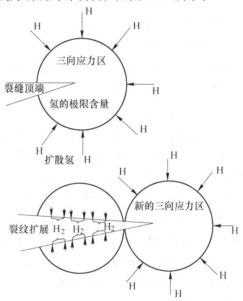

图 1-19　氢致裂纹形成过程示意图

D　含氢量的控制

（1）焊接材料中的含水（氢）量。焊材的各种原材料都不同程度地含有各种吸附水、结晶水、化合水或溶解的氢。制造低氢型焊材应尽量选用含水（氢）少的原料，适当提高原料的烘焙温度可降低其含水量，使用露点低的高纯气体作为保护气体（见图1-20）均有利于降低焊缝金属中的含氢量。

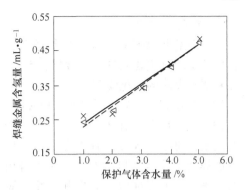

图1-20 焊缝金属中的氢含量与保护气体含水量的关系

（2）清除焊丝和焊件表面的杂质。焊丝和焊件待焊面上的铁锈、油污、吸附的水分及其他含氢物质是焊缝增氢的另一个重要原因。为防止焊丝生锈，常常表面镀铜处理。焊接铝、镁、钛等金属及其合金时，由于表面存在结构不致密的含水氧化物膜，必须采用机械或化学方法清理。

（3）焊后热处理。焊后及时加热焊件，促使扩散氢外逸，从而减少焊接接头中含氢量的工艺称为脱氢处理。

1.2.2.3 氧的焊接冶金反应

从来源方面氧兼具氮和氢的特点：一部分氧的来源与氮相同，即来自空气，因为氧气是空气的第二个主要组分；另一部分氧的来源与氢相同，来源于焊接材料，即水分是氧和氢的共同来源。

与氮和氢相比，氧化学活性更强，除极少数贵金属外，几乎所有金属元素都与氧生成化合物，特别是在焊接区域的高温条件下，金属的氧化反应非常强烈。焊接冶金过程中的氧化反应不可避免，氧化和脱氧反应是焊接冶金的重要内容；另外，与脱氮和脱氢相比，钢铁材料的脱氧容易实现，因此对于钢铁材料的焊接而言无需刻意从焊接材料方面限制氧，某些用于保护的熔渣和气体甚至具有比空气更强的氧化性。

A 氧在金属中的溶解

氧以原子氧和氧化亚铁FeO两种形式溶于液态铁中（分别对应于气相溶解和熔渣溶解），氧向液体中的溶解与氧对液体金属的氧化其结果是一样的，都是使液体金属中的氧含量增加。

金属是否被氧化，常用金属氧化物的分解压 $\{p_{O_2}\}$ 作为判据。金属氧化物的分解压随温度升高而增加（参见图1-36）。在一定温度下，当环境气氛中氧的分压大于金属氧化物的分解压时，金属就发生氧化反应。由于FeO溶于铁中，所占比例很小，分解的可能性小，分解压很小，因此，焊接区域内微量的氧即可使铁氧化。

B 氧对焊接质量的影响

（1）力学性能下降。氧在焊缝中不论以何种形式存在都影响焊缝的力学性能，通常使强度、塑性和韧性明显下降。钛焊缝金属的韧性随其氧当量（OE = 2C + 3.5N + O + 0.14Fe）的增加而降低，如图1-21所示。

（2）理化性能下降。氧对焊缝金属的物理和化学性能也有影响，如降低焊缝的导电性、导磁性和抗蚀性等，在焊接有色金属、活性金属和难熔金属时氧的有害作用更加突出。

（3）飞溅。焊接钢铁材料时，若熔滴中的含氧和碳较多，则它们相互作用生成的CO受热膨胀，使熔滴爆炸，造成飞溅，影响焊接过程的稳定性。

C 控制氧的措施

（1）纯化焊接材料。在正常焊接条件下，焊缝中的氧主要来自焊接材料、水分、焊件和焊丝表面的氧化膜和铁锈等。

（2）控制焊接工艺。尽量使用短弧焊。

（3）冶金脱氧。在焊接材料中加入合适的元素，使之在焊接过程中夺取氧，以减少被焊金属的氧化和从液态金属中排出氧的过程。为了保证脱氧效果和效率，脱氧剂应满足化学和物理两个基本条件。首先，在焊接温度下与氧的亲和力大于被焊金属与氧的亲和力；其次，物理条件是脱

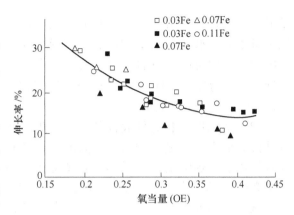

图 1-21 氧当量（OE）对钛合金焊缝塑性的影响

（OE = 2C + 3.5N + O + 0.14Fe）

氧产物易于与液体金属分离，即不溶于液态金属、密度小于液态金属、熔点低于被焊金属的熔点等等。钢铁材料焊接时常用硅锰联合脱氧，把锰与硅按适当的比例加入金属中进行联合脱氧（见式（1-13）），当 $w[Mn]/w[Si] = 3 \sim 7$ 时，脱氧产物为 $MnO \cdot SiO_2$，反应产物的密度小，熔点低，易于与液体金属分离。

$$[Si] + [Mn] + 3[FeO] \Longrightarrow (MnO \cdot SiO_2) + 3[Fe] \qquad (1-13)$$

1.2.3 焊缝与焊接热影响区

熔焊是通过焊接热源将待连接部位局部熔化，形成混合液体金属熔池，随后熔池凝固形成固态连接。除了熔池液体金属凝固成焊缝金属（weld metal，WM）外，焊缝两侧的焊件金属同时受到了焊接热源的高温热作用，也会发生诸如晶粒长大、固溶与析出、固态相变、回复与再结晶等组织变化，导致与焊前相比性能发生软化、脆化、硬化、耐蚀性下降等。这个组织和性能发生改变的区域称为焊接热影响区（heat affected zone，HAZ）。因此熔焊焊接接头主要由焊缝和热影响区组成。

1.2.3.1 焊缝

熔化焊时，在热源作用下，焊件局部发生熔化，形成具有一定几何形状的液体金属，并与焊接材料熔化的液体金属混合，构成熔池，熔池凝固形成的固态金属称为焊缝（金属）。

A 焊接熔池

（1）焊接熔池的形状。焊接熔池的形状与焊接温度场相对应，熔池的边缘为焊件金属的熔点的等温面（见图1-22）。熔透截面积与线能量 q/v 成正比，熔池的质量与 q^2/v 成正比，熔池深宽比取决于焊接热源和焊接功率，熔池的存在时间取决于熔池的长度和焊速。

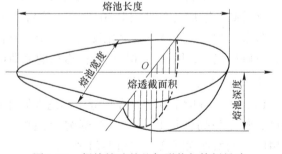

图 1-22 焊接熔池的几何形状与特征尺寸

（2）焊接熔池成分。焊接熔池的化学成分与采用的焊接材料有关。如焊接时不添加金属则焊接熔池仅由熔化的焊件材料组成；如果采用填充金属焊接则焊接熔池由焊件和填充金属（焊接材料）构成，其中熔化的焊件在熔池中所占的比例称为熔合比。

（3）焊接熔池的液体运动。熔池中的液体金属处于强烈的搅拌运动状态，原因为：温度不同，密度不同引起对流运动；温度不同，表面张力不同引起对流运动；外力作用造成搅拌运动。外力包括气流吹力、电磁力、离子冲击力、熔滴冲击力等。这种运动有利于焊缝成分均匀、气体和杂质排除。熔合线附近液体金属的运动受到限制，易造成化学成分不均匀现象。

B 焊接熔池凝固

当焊接热源离开时，焊接熔池的温度开始下降，到达金属的凝固点后，将发生凝固反应，由液态的熔池金属转变成固态的焊缝金属。熔池金属凝固符合一般的凝固规律，都是由晶核生成和晶核长大的过程，然而由于焊接熔池的特殊性，其晶核生成、晶核长大以及最终凝固焊缝组织都与普通的金属凝固有着显著的区别。

（1）焊接熔池的形核。熔池边缘的温度低于熔池中心，因此晶核生成首先发生在焊接熔池边缘。而焊接熔池边缘，即熔合线或熔合区，存在处于半熔化状态的晶粒表面，液体中的金属原子直接转移到晶粒表面，因此熔池边缘半熔化的晶粒实际充当了晶核作用，而不需要在很大的过冷度下从液体中生成新的晶核。焊接熔池的这种晶核生成方式称为外延生长或联生结晶（epitaxial solidification，ES），如图 1-23 所示。

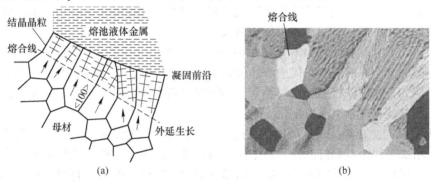

图 1-23 焊接熔池凝固结晶的外延生长方式

（a）外延生长模型；（b）熔焊接头熔合区的晶粒

（2）焊接熔池的晶粒长大。液体金属的凝固过程是固态晶粒不断长大，液态金属不断减少的过程。由于焊接熔池中的温度梯度较大，晶粒的长大方向总是由熔池边缘指向熔池中心。除了受温度梯度的影响外，晶格位向对于晶粒的长大趋势也有重要影响，因为晶体是各向异性的，存在特定的容易长大方向（见表 1-5）。当熔池边缘晶粒的最易长大位向与熔池的最大温度梯度相一致或相近时，晶粒的长大速度较快；而那些最易长大位向与最大温度梯度相垂直晶粒则长大速度较慢。因此，焊缝组织是由焊接熔池温度梯度及晶格位向共同作用的结果，如图 1-24 所示。应当指出，由于熔池中的温度梯度受焊接方法及其焊接工艺参数的影响，故可以通过焊接方法和焊接工艺参数调控焊缝组织。

表 1-5 不同金属的晶粒容易生长方向

晶 格 类 型	容易生长方向	金 属 举 例
面心立方（FCC）	<100>	铝、奥氏体不锈钢
体心立方（BCC）	<100>	铁、铁素体不锈钢
密排六方（HCP）	<10$\bar{1}$0>	钛、镁
体心四方（BCT）	<110>	锡

根据凝固理论，晶体的结晶形态取决于固液界面前沿液相中的过冷度，即液体金属的实际温度低于其液相线温度的量。焊缝的结晶形态取决于被焊材料的性质和焊接工艺。在焊接参数中焊速是影响结晶形态的主要因素。

C　焊缝金属的一次组织

焊接熔池由液态凝固后得到的组织称为焊缝金属的一次组织，以有别于其在随后冷却过程中发生固态相变之后的组织即二次组织。对于没有固态相变的金属，如铝及其合金、铜及其合金、镍及其合金以及奥氏体不锈钢等，室温观察组织即为一次组织；而多数钢铁材料、钛及其合金等在室温下的焊缝组织通常都是二次组织。

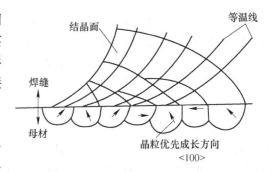

图 1-24　焊缝晶粒的择优长大示意图

如前所述，交互结晶的晶核生成和择优长大的晶粒生长决定了焊缝的一次组织主要由柱状晶构成，这些柱状晶从焊缝边缘一直延伸到焊缝中心。粗大的柱状晶不仅降低焊缝金属的强度和韧性，而且也是焊缝热裂纹形成的重要因素。改善焊缝金属一次组织的首要目标是消除粗大的柱状晶，其途径可以分为两大类。

（1）变质处理。所谓变质处理是通过向焊接熔池中添加少量某些合金元素（变质剂）生成细小弥散的高熔点的质点，促进液体金属中的晶核生成，从而得到大量细小等轴晶的处理工艺。例如，在钢铁材料焊接时经常使用的变质剂有钼、钒、钛、铝等元素，可以改变结晶形态，并使焊缝金属晶粒细化。

（2）振动结晶。在焊接熔池凝固结晶过程中对液体金属施加振荡作用力，破碎正在成长的晶粒，增加晶粒数量和打乱柱状晶结晶方向，这种改善焊缝粗大柱状晶的工艺方法称为振动结晶。根据产生振动的方式，振动结晶可分为低频机械振动、高频超声振动和电磁振动等。振动频率在 10kHz 以下的属于低频振动，一般通过采用机械振动方式实现。这种低频机械振动对熔池液体金属产生强烈的搅拌作用，不仅能够使成长中的晶粒破碎，同时也利于气体和夹杂与液体金属的分离，净化液体金属，并使其成分更加均匀，从而改善焊缝金属的性能。利用超声波发生器可以得到 20kHz 以上的振动频率，尽管通常情况下高频超声振动的振幅很小（约 $0.1 \sim 1\mu m$），然而高频超声振动在消除焊缝缺陷、改善一次组织方面比低频机械振动更为有效。超声振动能够在液体金属内部形成强烈的冲击波，足以破坏成长中的晶粒，增加晶核数量，以及改变结晶形态。利用交变磁场对液态金属产生搅拌作用，使成长中的晶粒不断受到剪切作用，细化晶粒和打乱结晶形态。此外，电磁振动还有利于降低焊接接头的残余应力。

1.2.3.2　焊接热影响区

焊接热源除了局部熔化焊件形成焊接熔池凝固形成焊缝金属外，焊缝两侧的焊件同样经历了升温-达到峰值-降温的焊接热循环过程。距离焊缝中心不同的位置材料所受的热处理效果不同，当某处的热循环峰值温度超过冶金反应的临界温度时，材料的组织结构将发生相应的变化。热作用引发的材料冶金反应包括回复与再结晶、第二相的溶入、高温固态相变、晶粒长大等。从焊缝边缘（熔合线）到发生冶金反应的临界温度，这部分近缝区称为焊接热影响区，如图 1-25 所示。

由于焊接热影响区是焊接热循环作用后形成的一个组织和性能不同于焊件的特殊热处理区，因此它取决于材料本身的特性和工艺条件两个方面。影响其组织和性能的主要冶金和工艺因素为：

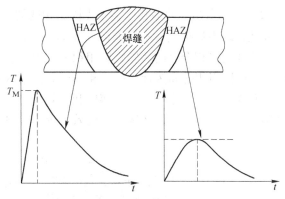

图 1-25　焊接热影响区形成示意图

（1）被焊金属与合金系统的特点。这是决定各种材料焊接热影响区形成特点的根本因素，因为焊接热影响区的组织与性能的变化首先取决于焊件本身在不同加热和冷却条件下的物理冶金特点。例如对加热和冷却时无相变的金属和合金来说，其焊接热影响区非常简单。反之，有相变材料的焊接热影响区就很复杂。

（2）焊前焊件的原始状态。材料焊前的原始状态也会影响到焊接热影响区的组织变化和性能变化。例如材料焊前处于冷作硬化状态或热处理强化状态，则焊后热影响区内会出现淬火的硬化区。

（3）焊接工艺方法和工艺参数。如前所述，焊接热影响区是由于焊接时的热作用引起的，因此它与焊接时所采用的热源特点和焊接工艺参数密切相关。它们决定了焊接时的温度场分布以及热循环曲线的特点，直接影响到焊接热影响区内特殊热处理的各项参数，如升温速度、高温停留时间和冷却速度等。

A　无固态相变的金属与合金

铝、铜、镍等金属元素不存在固态相变。这些金属又可分为单相合金和多相合金。单相合金（包括纯金属）只有通过固溶强化（对于合金）细晶或冷加工硬化（位错强化）；多相合金除上述强化方式外，还可以采用沉淀相强化。

（1）无固态相变的单相金属或合金。无固态相变的单相金属或合金的焊接热影响区最为简单。未经冷加工硬化的单相金属或合金的焊接热影响区只有熔区及其外侧的晶粒严重长大的粗晶区。经冷加工硬化的单相合金在粗晶区外侧还存在再结晶区细晶区和组织回复区（见图 1-26）。

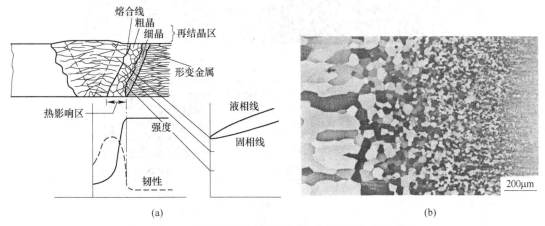

图 1-26　无固态相变的单相金属或合金的焊接热影响区

（a）焊接热影响区形成示意图；（b）钼的电子束焊接接头的晶粒形态

（2）无固态相变的多相合金。无固态相变的多相合金的焊接热影响区组织分布较单相合金复杂，因为焊接热量不仅可以改变晶粒的形态尺寸，还影响到第二相的溶入与溶出。无固态相变的多相合金的热影响区组织分布也与合金的焊前状态有关。退火状态的多相合金的热影响区组织分布为熔合区、粗晶区和固溶区；固溶处理状态的多相合金的热影响区组织分布为熔合区、粗晶区、固溶区和时效区；时效处理状态的多相合金热影响区组织分布为熔合区、粗晶区、固溶区、过时效区等（见图1-27）。

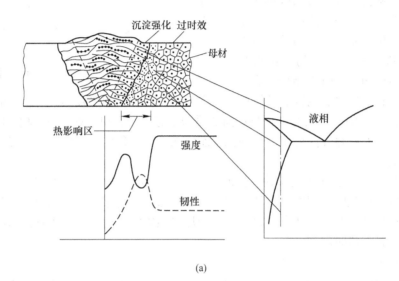

(a)

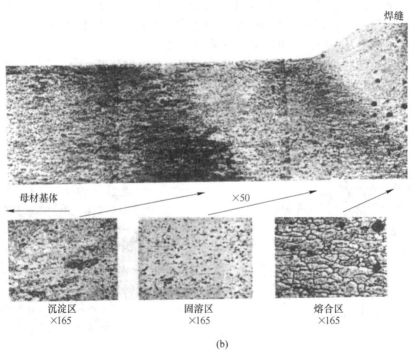

(b)

图 1-27　无固态相变的多相合金的焊接热影响区

（a）焊接热影响区形成示意图；（b）2024 铝合金时效状态下焊接热影响区的组织分布

B 有固态相变的金属与合金

工业用金属材料大多数是有固态相变的。通常的热处理，就是利用这种材料固态下的相变来改善其组织和性能；但在焊接条件下，由于其热循环的特殊性，往往会使热影响区内加热到相变点以上的材料发生不利的组织变化，并导致其性能的恶化。

（1）有固态相变的纯金属或单相合金。Fe、Mn、Ti 和 Co 等都属于有同素异构转变的纯金属。以这些金属为基体形成一系列有同素异构转变的合金。其中单相合金的组织转变类似于纯金属。

有同素异构转变的纯金属和单相合金的焊接热影响区特点是除了过热区和再结晶区外，还有一个由同素异构转变引起的重结晶区。该区位于过热区和再结晶区之间。其组织特征为重结晶相变引起的晶粒细化，即相当于钢材正火处理后的细晶粒组织。

（2）有固态相变的多相合金。有同素异构转变的多相合金的焊接热影响区的变化比较复杂。以应用最广的钢材（Fe-C 合金）为例。在固态下合金中除了有同素异构转变外，还有成分变化和第二相析出，即共析转变和 Fe_3C 的析出。为了便于分析焊接热影响区组织变化的规律，可将钢材大致分成不易淬火和易淬火两种基本类型来进行讨论。对照铁碳相图，钢材的焊接热影响区组织分布如图 1-28 所示。

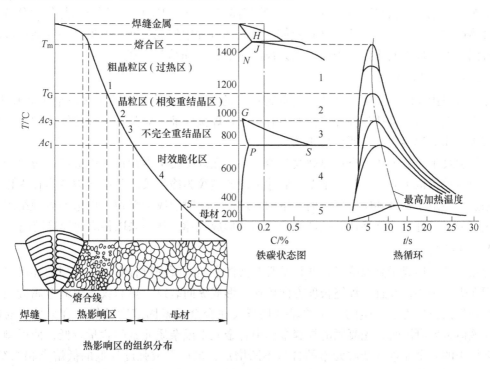

图 1-28　钢的焊接热影响区组织分布示意图

T_m—固相线温度；T_G—晶粒长大温度

1.2.4　熔焊焊接缺陷

由于熔焊接头在形成过程中经历了金属的熔化和凝固结晶过程，焊缝金属必然会出现与凝固结晶相关的组织缺陷，如晶粒粗大、组织不致密、气孔、夹杂、成分偏析以及焊接裂纹等,如图 1-29 所示。

1.2.4.1 焊缝气孔

熔焊和钎焊的焊缝组织都经历了液体金属熔化和凝固的过程,金属凝固过程中容易出现孔洞问题,而且这种孔洞的产生与液体金属中的气体有关,因此常被称为焊缝气孔。

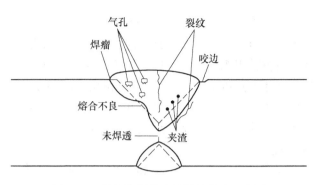

图 1-29　常见熔焊接头的焊接缺陷示意图

焊缝气孔是熔焊焊缝金属中常出现的一种焊接缺陷。气孔的存在不仅减小了焊缝金属的有效工作断面,降低其承载能力,而且气孔还造成应力集中、诱发显微裂纹,显著降低焊缝金属的韧性,对焊接接头的动载强度和疲劳强度极为不利。

从形态看,焊缝气孔的类型很多。有开口于表面的表面气孔,也有密封在金属内部的内部气孔;有单个分散分布的气孔,也有集群式分布的气孔;有圆形气孔,也有虫状长条气孔等。尽管焊缝气孔种类繁多,究其原因都与高温时液体金属溶解了较多的气体(如氮、氢等),或者在进行冶金反应时产生一些气体(如 CO、H_2O 以及钎剂的热氧化分解得到的气体产物等)有关。这些气体在液体金属凝固过程中形成气泡,如果这些气泡在液体金属凝固前不能逸出液体金属表面,就会被固体金属"冻结"而成为气孔。

1.2.4.2 焊接裂纹

在所有焊接缺陷中,裂纹被认为是危害最大的,因为即使微小的裂纹也会扩展长大,最终导致失效。这可以从各种焊接标准中看出,在焊接标准中对其他的焊接缺陷都有一些允许范围,而对焊接裂纹是严格禁止的。

焊接裂纹主要分为两大类:热裂纹和冷裂纹。在焊接接头冷却过程中形成的裂纹为热裂纹,而在焊接接头完全冷却至室温以后才出现的裂纹为冷裂纹。某些冷裂纹是在焊接构件使用过程中由于腐蚀和应力疲劳而产生的。通常需要对裂纹的部位、周边的微观组织结构等进行分析研究,才能确认裂纹产生的原因和形成规律,从而采取相应的焊接措施。

A 热裂纹

焊接热裂纹形成于高温阶段,并且常常与液体金属的凝固过程有关。典型的焊接热裂纹出现在焊缝中心,并且沿焊缝长度方向延伸,形成纵向裂纹。热裂纹是焊缝金属凝固后期并且在焊接拉应力下产生的。这类焊接热裂纹在合金元素固溶度较低的合金最容易出现,在液体金属凝固时,先凝固的焊缝金属中合金元素或杂质元素的含量较低,使得剩余液体金属中的合金元素或杂质元素的含量不断增加,最后形成强度较低的低熔点相组织。例如含铜的铝合金就是这样的合金体系,这类材料熔焊时焊接热裂纹敏感性比较大。

B 冷裂纹

焊接冷裂纹一般具有延迟性,即焊后一段时间后才出现。钢铁材料中的焊接冷裂纹主要与焊接结构中过高的焊接拉应力,以及金属中过高的含氢量有关。焊接过程中吸收的氢以氢原子形式固溶于焊缝金属中,这些氢原子具有很强的扩散能力,容易在金属内部显微缺陷处(如空位、位错、相界、晶界等)聚集,并结合成为双原子氢分子,分子体积膨胀使得缺陷扩展，因此导致缺陷附近金属处于张应力状态；同时缺陷附近氢浓度的增大使得金属变脆，当此处的氢含量达到某一临界浓度时，两者共同作用造成显微缺陷发生扩展长大。伴随缺陷扩展应力得到释放，裂纹扩展停止，直到扩散并集聚于此的氢浓度达到新的临界程度时，显微缺陷才进一步扩展。这种氢诱发的裂纹，从萌生、扩展，以至开裂都具有延迟特征（见图 1-19）。

1.2.4.3 焊接应力与变形

局部焊接加热会导致焊件内部产生内应力，焊件的外形有时也会发生变形。这种应力和变形如果超过允许的范围，就需要焊后矫正处理。了解焊接应力与变形产生的原因和影响因素，有助于控制防止产生超过允许数值的变形和减少焊接应力。

A 焊接应力与变形产生的原因

焊接过程中对焊件进行了局部的不均匀加热是产生焊接应力与变形的根本原因。以薄板对接为例（见图 1-30），在焊接加热过程中，焊接热源在焊缝附近形成中间加热温度高，两侧温度低的温度场，使焊件在垂直于焊缝方向上产生相应的热膨胀趋势，如图 1-30 (a) 中的虚线。然而由于焊板是一个整体，只能以端面平正形式均匀膨胀，在焊件内部形成热应力。温度较高的焊缝金属因其热膨胀受到抑制而受到压应力，温度较低的两侧焊件金属则受到焊缝金属的拉伸应力作用。焊件内部的不同区域的压应力和拉应力是一对平衡力。这种由于不均匀加热在焊件中产生的一对内应力称为焊接热应力。当焊缝金属受到的压应力超过其在该温度下的屈服强度时，该区域将产生压缩塑性变形（变短）。焊件冷却过程中，焊件上未发生塑性变形的金属随温度降低而缩短直至恢复到原长，而压缩变短的焊缝金属将试图收缩到比原始长度更短的长度，如图 1-30 (b) 中的虚线，作为一个整体焊板端面要始终保持平直状态，使得焊板整体变短，焊缝区受拉应力而两侧受压应力。这种存在于室温状态下焊件内部的内应力称为焊接残余应力。

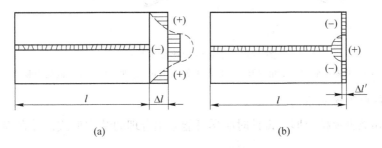

图 1-30　薄板对接焊件的收缩变形示意图
(a) 焊接加热；(b) 焊后冷却

如果焊缝不在焊板的中心，而是在焊板的一侧，如图 1-31 所示，按照上述的分析，可以得知焊件冷却到室温时发生向焊缝一侧弯曲（挠曲）的焊接变形（见图 1-31 (b)），并且焊缝一侧存在残余拉应力。

可见，焊件上的焊接热应力和焊接变形的产生是由焊接过程中焊接热源的不均匀加热引起的。在焊接过程中焊接热循环峰值温度高的区域受到热压缩变形，焊件在冷却到室温后该部分产生残余拉应力。

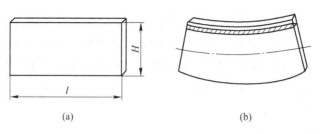

图 1-31　薄板边接焊件的弯曲变形

（a）焊前；（b）焊后

B　焊接变形的常见形式

焊接过程中焊接热应力引起局部金属热压缩变短，从而导致焊件长度变短或角度改变。根据焊件的结构和尺寸等因素的不同，每种基本形式的变形又可以分为多种不同的形式，如图 1-32 所示。收缩变形是构件焊接后，纵向和横向尺寸缩短；角变形是板厚方向上焊缝形状不对称，热压缩收缩量不一致导致的角度改变；弯曲变形是焊缝分布不对称，焊缝纵向收缩引起的焊件变形；扭曲变形是焊缝在构件横截面上布置不对称或焊接工艺参数不一致导致的变形形式；波浪变形是薄板在焊接应力作用下的形状失稳。

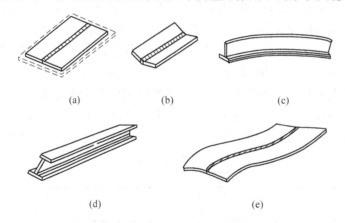

图 1-32　常见的焊接变形形式

（a）收缩变形；（b）角变形；（c）弯曲变形；（d）扭曲变形；（e）波浪变形

C　焊接变形的预防措施

为了防止和减少焊接变形，设计时应尽可能采用合理的结构形式，并在焊接时采取必要的工艺措施。

（1）设计方面。在保证焊接结构有足够的承载能力的情况下尽量减少焊缝数量、焊缝长度及焊缝截面积；焊缝尽量对称布置；尽量利用型材、冲压件代替板材拼焊。

（2）工艺方面。焊前将焊件预装配或预变形，使其与可能发生的焊接变形方向相反、大小相等，以抵消焊接变形（反变形法），如图 1-33 所示；在焊件尺寸上加上一定的收缩裕量，以补充焊接过程中的热压缩（加裕量法）；焊前将焊件刚性固定，使其外观形状尺寸不能改变（刚性固定法）；合理安排焊接顺序，设法使焊缝的收缩能互相减弱或抵消；对于较长的连续焊缝，可以分为长度 150～200mm 的小段进行断续焊接，每一个小段都朝着与总方向相反的方向施焊（逆向分段焊接法）。

D 焊接变形的矫正措施

在实际生产中，即使采用上述措施，焊后有时仍然会产生一些变形。为了确保焊接结构形状尺寸的技术要求，常需要矫正。矫正的基本原理是通过一定的加工工艺使焊接构件局部产生变形，以抵消焊接时所产生的变形。常用的矫正工艺有机械矫正和火焰加热矫正。

（1）机械矫正。利用机械外力的作用，如辊床、压力机、矫直机等机械的挤压作用，也可以采用手工锤击。

（2）火焰矫正。利用火焰在焊件适当部位加热，使焊件在冷却收缩时产生与焊接变形相反的变形，如图 1-34 所示。火焰加热主要用于低碳钢和部分普通低合金钢，加热温度一般为 600～800℃。

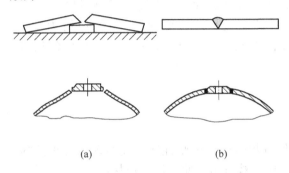

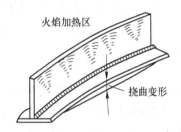

图 1-33 减小焊接变形的反变形法示意图
（a）焊前装配；（b）焊后形状

图 1-34 挠曲变形焊件的
火焰加热矫正示意图

E 减少和消除焊接应力的措施

实际生产中最有效的减少焊接残余应力的方法是焊前预热，即将焊件预热到 350～400℃后进行施焊。预热可以减小焊缝与周围焊件的温差，焊后又可以比较均匀地同时冷却收缩。

焊后去应力退火，即将焊件均匀加热到 600～650℃，保温一定时间（一般不小于 1h），而后缓慢冷却。焊件整体去应力退火一般可将 80%～90% 的残余应力消除掉。有时焊接结构庞大，或者为了防止整体加热引起尺寸变化，可采用焊接区域的局部高温退火，这样虽然不能完全消除内应力，但可以降低残余应力峰值，使应力分布比较平缓，起到部分消除焊接应力的作用。

1.3 压焊连接基本原理

压焊连接，又称固相焊，是在加热或者不加热的条件下进行，利用顶锻、摩擦等机械作用对被焊金属施加压力产生塑性变形，克服连接界面之间的凹凸不平，破坏氧化膜及其他污染物，使待连接界面金属紧密接触，进而形成金属键而实现的连接过程。

根据连接时接触面处的温度与材料再结晶温度的相对高低，压焊可以分为常温压焊和热压焊，前者是在常温或较低的加热温度（低于材料的再结晶温度）下进行的，焊接界面未发生再结晶过程；后者是在材料再结晶温度以上进行的，接触界面发生明显的原子扩散和动态再结晶过程。某些热压焊方法在焊接过程中甚至出现一定数量的液体金属，如瞬时液相扩散焊，但液相并不是实现连接的主导机制，接头组织不同于熔焊的结晶组织，而是具有晶粒细化、组织致密的力学冶金效果，因此属于热压焊。还有一类焊接方法，焊接接头同时出现结晶组织和再结晶组织，比如电阻焊。

压焊工艺条件不同则压焊接头的形成过程不尽相同，并且所得的压焊接头强度各异。常温压焊时，压力可以使待焊金属表面发生塑性变形从而实现待焊表面原子大面积密切接触（物理接触），此时被焊界面靠近到 $2 \sim 4nm$，物理接触界面上的作用力为范德华力，黏附功约为 $0.04 \sim 0.4kJ/mol$。在物理接触形成过程中发生塑性变形的金属材料在热力学上是亚稳定状态的，如果压焊是在较高的温度下进行的，原子有了足够高的活动能力，那么形变金属将由亚稳定状态向稳定状态转变，从而引发一系列焊接冶金反应，如原子扩散、回复与再结晶、生成新相等，这些冶金反应使得金属原子间距达到晶格尺度（$0.1 \sim 0.3nm$），从而实现原子键作用（金属键、离子键、共价键等），黏附功约为 $200 \sim 400kJ/mol$，较物理接触的黏附功有显著提高。因此，在界面处形成一定厚度的焊接冶金反应层是获得牢固连接接头的前提条件。

1.3.1 常温压焊连接原理

1.3.1.1 常温压焊接头的形成过程

常温压焊是在常温条件下，借助压力使待焊金属产生塑性变形而实现固态焊接的方法。加压变形时，焊件接触面的氧化膜被破坏并被挤出，使纯洁金属接触达到晶间结合，能净化焊接接头。所加压力一般要高于材料的屈服强度，以产生 $60\% \sim 90\%$ 的变形量。加压方式可以是缓慢挤压、滚压或加冲击力，也可以分几次加压达到所需的变形量。

在集中的压力载荷作用下，使需要连接的两接触面面积扩大，破坏待焊金属表面的氧化膜，使暴露的洁净金属基体紧密接触，从而产生新的原子之间的结合，继续施加压力就可以实现焊接。

如前所述，阻碍金属待连接表面原子相互紧密接触的主要因素有两个：一是金属表面的氧化及吸附而形成的非金属膜；二是表面粗糙度。由于这两个因素的存在，整个表面原子不能有效接触，在界面上形成非金属夹层或空洞，严重降低金属的键合强度。

A   去除氧化膜

从去除表面非金属膜的角度，正向压力的效果较差，侧向的压力较好。而正向压力对于消除表面粗糙、增大表面原子接触率是有力的。因此，实际固相焊的工艺通常首先给予侧向压力（刮擦），最好施加正向顶锻力，以获得优良的键合效果。

B   增大接触界面

正向顶锻力的大小取决于所产生的界面塑性变形量，是固相焊接的一个重要工艺参数，对于室温或温度不高的常温压焊尤其重要。一定大小的塑性变形量是常温压焊的先决条件，在塑性变形量不大时，键合强度随塑性变形量的增加而增大，如图 1-35 所示。当塑性变形量达到一定数值后，常温压焊接头的强度接近焊件冷加工状态。

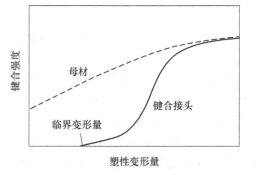

图 1-35   延性金属常温压焊接头
强度与塑性变形量关系示意图

1.3.1.2　常温压焊界面连接的微观机理

目前国内外关于常温压焊界面结合机理研究很多。国内存在的主要观点是无扩散理论,认为常温压焊中不存在原子的扩散,两材料的结合属晶间结合。国外关于常温压焊结合机理有不少假说,具有代表性的有以下几种。

A　薄膜假说

薄膜假说认为,常温压焊的焊接性并不取决于材料本身的性能,而是决定于焊件被焊表面的状态。只要去掉待焊金属表面的油膜和氧化膜,在协调一致的塑性变形过程中,使焊件表面相互接近到原子间力的作用范围内就形成焊接接头。薄膜理论排除了形成原子结合过程中热动力学因素,也没有考虑被焊材料的性能、组织缺陷的影响和塑性变形时原子的能量状态等因素。薄膜理论虽然可以很好的解释常温压焊的连接现象,但不能解释不同种类材料的压焊性差异。

B　位错假说

位错假说认为两个相互接触的金属产生协调一致的塑性变形时,位错迁移到金属的接触表面,从而使金属的氧化膜破除,并产生高度只有一个原子间隔距离的小台阶。把金属接触表面上出现位错看作是塑性变形阻力的减小,因而有利于金属的连接。但从另一角度来看,金属表面上出现位错,必定会增加表面上的不平度,这就造成接触表面比内部金属大得多的塑性变形。位错假说强调了常温压焊结合过程是接触区金属的塑性流动结果,一定程度上解释了不同种类材料压焊性的差异。

C　扩散假说

扩散假说认为在接头区域中存在着一层很薄的互扩散区,这一薄层互扩散区保证了良好连接。根据这一假说推断,如果增加互扩散区的厚度应能提高接头的力学性能,但事实并非完全如此。扩散假说没有考虑接触表面的激活过程和原子间的相互结合。

D　再结晶假说

再结晶假说认为,压焊是在一定温度下进行的塑性变形过程,接触区易于发生动态再结晶,导致被焊材料界面边缘的晶格原子重新排列,从而形成共同晶粒,达到金属键合的作用效果。多数金属的压焊连接界面可以发现再结晶现象,某些常温压焊接头则并没有发现再结晶现象。

E　能量假说

能量假说认为引起金属间相互结合的条件,不是金属原子的扩散,而是金属原子所含有的能量。当被焊金属材料相互接触时,即使它们的原子已经接近到晶格参数的数量级,只要原子所含有的能量还没有达到某一水平(这一能量水平可以称为该金属结合的最低能量),就不足以使他们之间产生结合。只有当接触处金属原子的能量提高到某一水平,表面之间才会形成金属键,它们之间的界面开始消失而连接在一起。能量假说应用了激活状态的概念,其实质是从能量的角度来观察形成接头的过程,弥补了上述假说的不足之处。但是它并没有揭示出金属键的结合到底与连接金属的哪些物理及化学性能有关。

综上所述,常温压焊结合机理尚存在分歧,表明了压焊界面连接的微观机制不是唯一的,不同的材料配对其压焊界面结合机理是不同的。一般地,对于无限互溶的 Cu-Ni 类、有限互溶的 Ag-Cu 类与生成化合物的 Al-Cu 类在常温压焊过程中界面处存在浅层扩散,易于实现冶金结合；而液固态下几乎不互溶的 Ag-Ni 类，即使在常温压焊过程中界面产生固溶体，但这种固溶体极不稳定，随着过饱和固溶相的析出，必然伴随着接头的断裂，因此这类组合的金属不容易形成冶金结合，接头强度更多地源自机械嵌合力和范德华力，而不是金属键。

1.3.2　热压焊连接原理

为了减小金属变形抗力和增大金属的变形能力，很多压焊都是在一定温度下进行的。除此之外，加热对压焊还具有如下作用。首先，有利于表面非金属膜（如吸附的气体、水分、油脂等）分解析出，净化金属表面。特别是在真空条件下加热时，一些金属氧化膜也会在一定程度上发生分解，形成洁净的金属表面。其次，促进原子的扩散作用，有利于原子之间形成金属键合，当固相焊接温度足够高时，即使没有明显的塑性变形量，也可依靠原子扩散形成键合。第三，诱发再结晶，获得完整、均匀的晶粒、消除晶格缺陷和降低内应力，有助于提高连接接头的韧性。

1.3.2.1　金属物理接触界面的形成

如前所述，阻碍金属待连接表面原子相互紧密接触的主要因素有两个：一是金属表面的氧化及吸附而形成的非金属膜；二是表面粗糙度。由于这两个因素的存在，整个表面原子不能有效接触，在界面上形成非金属夹层或空洞，严重降低金属的键合强度。

A　表面吸附物的去除

在空气中存放的金属表面通常有一定数量的杂质吸附层，这些杂质主要是油脂、吸附的水分及其他气体分子。与熔焊和钎焊相比，待焊金属表面状态对压焊焊接质量有更大的影响，这是因为压焊过程中污染物被严格限制，不易从紧密贴合的界面处脱离出来。因此焊前需要严格清理表面。

常用的清理表面污染物的方法有两类：即机械清理与化学清理。机械清理多采用钢丝刷或砂纸打磨金属表面；化学清理包括去油、酸洗和钝化等。

加热有利于表面吸附物的分解析出，净化金属表面，特别是在真空条件下加热时使金属表面吸附的杂质发生脱附析出效果更好。

B　表面氧化膜的去除

金属表面的氧化物比吸附物更难以去除。各种金属的物理化学性质相差很大，其氧化物去除的难易程度和去除机理各不相同。一般地，压焊用于去除金属表面氧化膜的机理包括机械刮擦、分解脱附、溶解吸收和反应还原等。

（1）机械刮擦。从去除待焊金属表面氧化物的角度，正向压力的效果较差，侧向的压力较好。但由于正向压力对于消除表面粗糙、增大表面原子接触率是有利的，因此，压焊工艺通常首先给予侧向压力（刮擦作用），最后施加正向顶锻力，以获得优良的键合效果。

（2）分解脱附。金属的氧化反应是放热反应，而金属氧化物的分解反应是吸热反应。因此，金属氧化物受热将发生分解，生成金属和氧气：

$$2MO \longrightarrow 2M + O_2 \uparrow \tag{1-14}$$

此反应体系中 O_2 是唯一的气相物质，因此，氧的气压 p_{O_2} 大小可以用来确定金属氧化物是否分解或氧化物发生分解的程度。在金属和氧二元体系中氧的气压 p_{O_2} 称为金属氧化物 MO 的分解压，记为 $\{p_{O_2}\}$，$\{p_{O_2}\}$ 与金属性质（对氧的化学亲和力）和温度有关。图 1-36 所示为不同氧化物的分解压与温度的关系，分解压越大则氧化物越容易分解。处于图中较低位置的金属氧化物，如 Cu_2O、NiO 和 FeO 氧化物的分解压较高，因此也最容易通过加热去除。

另外，真空有助于金属氧化物分解反应，金属氧化物的分解取决于系统的实际氧分压 p_{O_2}（真空度）与金属氧化物分解压 $\{p_{O_2}\}$ 的相对大小：

$p_{O_2} < \{p_{O_2}\}$，金属氧化物分解

$p_{O_2} = \{p_{O_2}\}$，平衡状态

$p_{O_2} > \{p_{O_2}\}$，金属氧化物合成

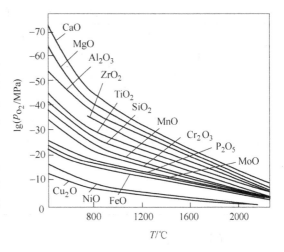

图 1-36 常见金属氧化物的分解压曲线

在一定的温度下，真空度越高，系统中的氧分压 p_{O_2} 越小，越可能发生金属氧化物的分解反应，增加金属氧化物分解脱附的程度。

（3）溶解吸收。按照氧在固态金属的溶解度情况可以将金属分为两类：一是能有限溶解氧的金属，如 Cu、Ni、Ti、Fe 等；另一类是不溶解氧的金属，如 Al、Mg 等。对于第一类金属而言，氧在固体金属中的溶解度随温度升高而增加，因此在绝氧（比如真空或紧密贴合）的条件下对被焊金属升高温度时，界面金属氧化物中氧溶入固体金属，并向金属内部扩散，致使界面氧化物减少甚至去除。此外，压焊时的压力造成界面的变形也会破坏氧化膜的整体性，而使其龟裂成碎片，更易于金属对氧化物的溶解吸收。

（4）还原作用。通过向焊接体系中添加还原性物质（又称还原剂或脱氧剂，与氧有较大的化学亲和力的元素），与焊接体系中的氧起反应，降低氧的分压，促进金属氧化物的分解。还原性物质可以是气体、液体或固体。H_2、CO 是最常使用的气体还原剂，用于 Cu、Ni 等金属的气氛保护焊接；而 Mg、Ca 是常用的固态还原剂，主要用于 Al 及其合金的真空焊接。

（5）其他作用。利用碰撞及喷射作用去除氧化膜，这类压焊方法包括冲击焊和爆炸焊等、利用少量液相去除氧化膜，这类压焊方法包括瞬时液相扩散焊、闪光电阻焊和螺柱焊等。

1.3.2.2 原子扩散阶段

A 原子扩散微观机制

原子扩散是物理接触界面首先发生的焊接物理冶金过程，并且扩散过程持续到整个焊接过程。扩散是物质中原子（分子）的一种迁移现象，是固体物质原子传输的唯一方式。金属原子的扩散可以是自身原子的扩散（同质扩散），也可以是其他原子越过接触界面向其内部进行的异质扩散。

从金属学的观点，两种金属原子相互扩散的能力主要与二者原子半径的相对差值（错配度）有关。错配度越小则相互扩散和溶解的能力就越大，则可焊性越好。表 1-6 给出了一些金属间的错配度。

表 1-6　一些金属间的错配度

	Pb	Sn	Cd	Ag	Al	Zn	Cu	Ni
Ni	0.4	0.3	0.24	0.16	0.15	0.11	0.03	0
Cu	0.37	0.27	0.21	0.13	0.12	0.08	0	
Zn	0.27	0.17	0.12	0.04	0.04	0		
Al	0.22	0.13	0.08	0.01	0			
Ag	0.21	0.12	0.07	0				
Cd	0.13	0.15	0					
Sn	0.08	0						
Pb	0							

B　原子扩散方程

尽管固体金属单个原子的运动是无规则的,然而从大量原子运动的统计数据看可能存在原子扩散流。在单位时间内通过垂直于扩散方向的某一单位面积截面的扩散物质流量称为扩散通量(J),则扩散通量与沿扩散方向的浓度梯度成正比,即:

$$J = -D\frac{dC}{dx} \tag{1-15}$$

式中　J——扩散通量,g/(cm^2·s);

　　　D——原子扩散系数,cm^2/s(与金属性质有关);

　　　x——扩散方向的距离,cm;

　　　C——原子体积浓度,g/cm^3。

式(1-15)称为菲克第一定律(Fick A)或扩散第一方程。菲克第一定律仅适用于稳态扩散,在扩散过程中各处的浓度和浓度梯度不随时间而变化。

通常的扩散过程都是非稳态扩散,例如两根浓度不同的单相合金棒组成的扩散偶中纵向的溶质浓度分布曲线(见图1-37)。

通过扩散第一方程和质量平衡关系可以建立原子浓度与扩散系数的微分方程为:

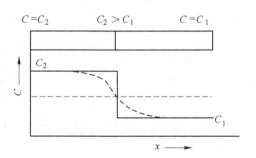

图 1-37　扩散过程中的原子分布示意图

$$\frac{\partial C}{\partial t} = \frac{\partial}{\partial x}\left(D\frac{\partial C}{\partial x}\right) \tag{1-16}$$

式(1-16)称为菲克第二定律或扩散第二方程。扩散第二方程有多种数学解,最常见的有三种,即高斯解、误差函数解和正弦解。需要根据具体问题选择使用不同的解。

(1)高斯解。高斯解适用于下述条件:扩散过程中扩散元素质量保持不变;扩散开始时扩散元素全部集中在固体物质表面。高斯解有时又称为薄膜解。

$$C = \frac{M}{\sqrt{\pi Dt}}\exp\left(-\frac{x^2}{4Dt}\right) \tag{1-17}$$

初始条件,$t=0$、$C=0$;边界条件,$x=\infty$、$C=0$、$\int_0^\infty Cdx = M$。

沉积薄膜在电子组装中经常会遇到，在随后的加热或使用过程中薄膜元素将向其基体中扩散，这种问题可以用高斯解求得在给定温度下扩散一定时间后薄膜原子沿基体深度的浓度分布。

（2）误差函数解。误差函数解适用于无限长棒或半无限长棒的扩散问题（图1-37所示的扩散偶），误差函数解的方程为：

$$C = \frac{C_1 + C_2}{2} + \frac{C_1 - C_2}{2}\mathrm{erf}\left(\frac{x}{2\sqrt{Dt}}\right) \quad （无限长棒） \tag{1-18}$$

$$C = C_1 - (C_1 - C_2)\mathrm{erf}\left(\frac{x}{2\sqrt{Dt}}\right) \quad （半无限长棒） \tag{1-19}$$

无限长棒的边界条件，$x = +\infty$、$C = C_2$，$x = -\infty$、$C = C_1$；

半无限长棒的边界条件，$x = \infty$、$C = C_2$，$x = 0$、$C = C_1$。

异种材料扩散焊时界面附近的扩散问题可以用无限长棒模式的误差函数解进行处理。另外，钎缝金属与焊件也可以用无限长棒模式的误差函数解进行处理。

（3）正弦解。正弦解的方程为：

$$C = A\sin\frac{2\pi x}{l}\exp\left(-\frac{\pi^2 Dt}{l^2}\right) + B \tag{1-20}$$

正弦解主要适用于晶粒偏析的成分均匀化问题（l相当于晶粒平均直径），也可以用于颗粒增强金属基复合材料中的原子扩散问题。从式（1-20）可以看出l越小，扩散系数越大，均匀化所需要的时间就越短。

C　柯肯达尔效应

当原子扩散系数不同的两种金属形成物理接触界面后，由于两种原子的扩散速率不同，相互扩散的数量不同，这种不等量扩散将导致界面向扩散系数小的金属一侧发生移动，这种现象称为柯肯达尔效应（Kirkendall effect，KE），如图1-38所示，已在多种置换型扩散偶中都发现有柯肯达尔效应，例如，Cu-Ni、Ag-Au、Ag-Cu、Au-Ni、Cu-Al、Cu-Sn 及 Ti-Mo

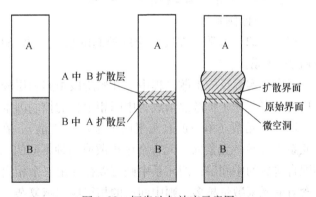

图1-38　柯肯达尔效应示意图

等。值得指出的是，柯肯达尔效应不仅造成了接触面的位置漂移，而且会在原始界面处产生微空洞。这种微空洞是由于此处 B 原子扩散出去的多而 A 原子补充进来的数量少造成的，这种扩散不均匀形成的微空洞称为柯肯达尔空洞。

D　反应扩散

当扩散偶两元素能形成金属间化合物（中间相）时，伴随扩散过程界面处将形成金属间化合物。这种伴随新相产生的扩散过程称为反应扩散或相变扩散，如图1-39所示。

反应扩散速度，即反应扩散层生长速度取决于化学反应（相变过程）速度和原子扩散速度等两个因素。

（1）扩散速度控制。如果反应扩散速度纯粹由原子扩散过程控制，并假定扩散层中浓度分布曲线为直线，反应扩散所形成的中间相厚度可以表达为：

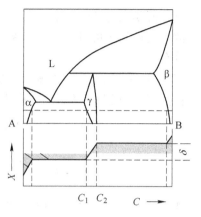

图 1-39　有中间相形成时的扩散层浓度分布示意图

$$\delta^2 = bt, b = -2D\frac{C_1 - C_2}{C_1 - C_0} \qquad (1-21)$$

式中　δ——中间相的厚度，cm；

　　　D——原子扩散系数（与金属性质有关），cm^2/s；

　　　t——扩散时间，s；

　　　C_1——中间相一侧体积浓度，g/cm^3；

　　　C_2——中间相另一侧体积浓度，g/cm^3；

　　　C_0——表层体积浓度，g/cm^3。

式（1-21）表明，在扩散速度控制的反应扩散条件下，中间相层厚度与时间成抛物线关系。

（2）反应速度控制。当反应扩散过程由反应速度控制时，则中间相层厚度可以表达为：

$$\delta = nt, \quad n = \frac{K}{vC_1} \qquad (1-22)$$

式中　δ——中间相的厚度，cm；

　　　K——反应平衡常数；

　　　t——扩散时间，s；

　　　C_1——中间相一侧体积浓度，g/cm^3；

　　　v——比例系数。

式（1-22）表明，在反应速度控制的反应扩散条件下，中间相层厚度与时间成直线（线性）关系。

通常在实际反应扩散过程中，开始阶段中间相层较薄，过程受反应速度控制；随着反应层的加厚，原子扩散逐渐成为中间相生长的控制因素。

对于二元系（单一扩散元素向纯金属内扩散），在扩散过程中各层只能由单相构成；三元系中（单一元素向二元合金中扩散或两种不同的元素向纯金属中扩散）可以存在由两相混合构成的中间层；四元系中则可以存在由三个相混合构成的中间层；依次类推，体系中含有的元素数量越多，则中间层的相组成就越复杂。

1.3.2.3　界面反应层形成阶段

同种金属材料热压焊时，界面处发生的是同质原子扩散，界面反应主要是动态回复与再结晶反应，焊后接头的化学成分、组织与焊件基本一致。一般地，Ti、Cu、Zr、Ta 等金属及其合金的同种材料热压焊较为容易实现；而铝及其合金，含 Al、Cr、Ti 的铁基及钴基合金则因氧化物不易去除而难于实现热压焊。

两种能形成无限固溶体的金属材料热压焊时，界面处发生原子互扩散运动，最终形成固溶体型扩散层；如果两种金属只能形成有限固溶体，则扩散层发生化合反应，形成界面金属间化合物如 Cu-Sn 合金体系。金属与陶瓷连接是反应产物比较复杂，可生成各类化合物。

A 动态回复与再结晶

无论是常温压焊还是热压焊，为了实现待焊表面的大面积密切接触，都施加了较大的正向压力，造成接触面附近金属材料发生一定量的塑性变形。金属材料在发生塑性变形时所消耗的功，绝大多数转变成热而散发到周围介质中，引起周围介质的温度升高；少数的能量以弹性应变能和增加金属中的晶体缺陷的形式储存在材料中。变形时的温度越低、变形量越大，则储存的能量越多。储存能的存在，使变形后的金属材料的自由能升高，处于热力学不稳定的亚稳状态，有向稳定状态转化的趋势。对于常温压焊而言，由于温度较低，原子的活动能力很小，这种热力学亚稳状态可以保持相当长的时间而不发生明显变化；但是在热压焊工艺条件下，原子有足够高的活动能力，除了发生原子扩散之外，还会发生动态再结晶过程。

金属的再结晶过程是指冷变形后的金属加热到一定温度之后，在原来的变形组织中重新产生无畸变的新晶粒，并且性能恢复到冷变形前的软化状态的过程。当金属材料在高温下（再结晶温度以上）进行塑性变形加工时，金属材料塑性变形引起的加工硬化与再结晶产生的软化过程同时进行，这种现象称为动态再结晶。

与再结晶过程相似，动态再结晶也是形核和长大的过程。但是由于形核与长大的同时还进行着变形，因此使动态再结晶的组织有一些新的特点：首先在稳定态阶段的动态再结晶晶粒成等轴状，但在晶粒内部包含着被位错缠结所分割的亚晶粒，显然晶粒内部的位错密度远高于静态再结晶；其次，动态再结晶的晶界迁移速度较慢，因此动态再结晶晶粒比静态再结晶晶粒更加细小。因此，动态再结晶组织如果能够迅速冷却下来，则可以获得比冷变形加再结晶退火更高的强度和硬度。

B 化学冶金反应

界面化学冶金反应可以通过化合反应和置换反应两种机制，两种反应方程式可表述为：

$$AO + B \Longrightarrow BO + A \tag{1-23}$$

$$AO + BO \Longrightarrow ABO_2 \tag{1-24}$$

置换反应多发生在活性金属，如铝、镁、铍、钛和锆等与玻璃或陶瓷材料连接时的场合，如图 1-40 所示。

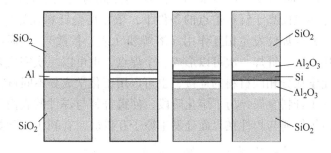

图 1-40 铝箔热压焊（扩散焊）二氧化硅玻璃接头形成过程示意图

有时为了避免两被焊材料之间形成性能不利的化合物（金属间化合物或非金属化合物），往往考虑在被焊材料之间填充中间层金属。中间层材料的选择与待焊材料的性质有关。

（1）金属与金属的压焊。中间层材料的选择主要考虑中间层金属与焊件金属相互固溶，不生成脆性的金属间化合物；中间层较软，在扩散连接过程中，易于塑性变形，而改善焊件金属界面的物理接触及相互扩散的状况；在一种材料连接时，由于不同材料物理性能的差异，加入中间层可以缓和接头的内应力，有利于得到优质的接头。

（2）金属与陶瓷、陶瓷与陶瓷的压焊。中间层材料的选择主要考虑与陶瓷材料（氧化物、碳化物或氮化物）的化学亲和性，通过中间层金属与陶瓷材料发生化学反应，改善金属/陶瓷界面的扩散和连接性能。中间层材料通常是活性金属，如铝、钛、锆、铪和铌等，这些都是很强的氧化物、碳化物及氮化物形成元素，可以与氧化物、碳化物、氮化物陶瓷发生界面化学反应，生成新相。常见活性金属与陶瓷的界面化学反应如下：

$$3SiO_2 + 4Al \longrightarrow 2Al_2O_3 + 3Si \tag{1-25}$$

$$3SiC + 4Al \longrightarrow 3Si + Al_4C_3 \tag{1-26}$$

$$4SiC + 3Ti \longrightarrow 4Si + Ti_3C_4 \tag{1-27}$$

$$Si_3N_4 + 4Zr \longrightarrow 3Si + 4ZrN \tag{1-28}$$

通过氧化物组成复合盐的连接，即通过在金属表面生成一定的氧化物，而后在一定温度下，使带有氧化物的连接表面与陶瓷连接，造成金属表面氧化物与陶瓷中的氧化物形成共晶反应，组成新的复合盐，从而达到连接的目的。连接强度与金属表面的氧化膜厚度有关，氧化膜过厚和过薄都不利于提高连接强度（见图1-41）。

$$Cu_2O + Al_2O_3 \longrightarrow CuAl_2O_4 \tag{1-29}$$

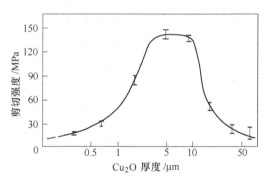

图1-41　用铜连接 Al_2O_3 接头 Cu_2O 膜
厚度与接头连接强度的关系

1.4　钎焊连接基本原理

钎焊（brazing and soldering）是指采用熔点比焊件低的填充金属材料（称为钎料），在加热温度低于焊件熔点而高于钎料熔点的条件下，依靠熔融钎料在焊件表面（或断面）润湿、铺展、填缝，并与焊件发生相互作用（溶解和（或）扩散），随后经过冷却凝固而形成冶金结合的连接方法。钎焊一次可以形成一个焊点，也可以一次完成多个焊点或大面积钎焊；可以用于化学成分相同材料的连接，也可以用于化学成分不同材料的连接。

由于在钎焊过程中钎料金属经历了熔化阶段，使得钎料与焊件的表面无需压力即可实现紧密接触；并且液体钎料与焊件在界面处发生原子互扩散，有利于去除焊件表面的氧化膜和形成冶金结合。

钎焊接头的结合力源自钎料金属与焊件金属的键合作用。钎料金属与焊件金属是否能够形成金属键合取决于两种金属晶格匹配。多数情况下钎焊界面能够形成金属键合；在不形成金属键的情况下，分子间作用力（色散力、诱导力、极性力）以及界面两侧的双电子层所提供的界面静电引力结合，可以提供钎焊界面足够的强度。

1.4.1 润湿与填缝

1.4.1.1 润湿现象

液体钎料对焊件表面是形成良好钎焊接头的前提条件。所谓润湿，是指液体物质在固体物质表面铺展，形成液/固接触面的过程。当液滴置于固体表面时，液滴将在固体表面铺展，经过短暂时间后，将进入形状相对稳定的形态（平衡状态），如图1-42所示，此时在液滴边缘处（图中 O 点）为三

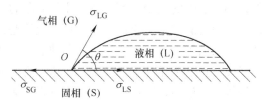

图 1-42 液滴在固体表面上的润湿现象

相接触（气-液-固，故又称为三相接触点），存在力的平衡方程（见式（1-30））。

$$\sigma_{SG} = \sigma_{LS} + \sigma_{LG} \cdot \cos\theta \qquad (1\text{-}30)$$

式中 σ_{SG}——固/气界面张力，J/m；

σ_{LS}——液/固界面张力，J/m；

σ_{LG}——液/气界面张力，J/m；

θ——润湿角，（°）。

式（1-30）称为杨氏方程（Young's equation），它可以简单明了地描述液体在固体表面的物理润湿现象。当 $\sigma_{SG} > \sigma_{LS}$ 时，$\cos\theta$ 为正值，即 $0° < \theta < 90°$，液体能润湿固体；当 $\sigma_{SG} < \sigma_{LS}$ 时，$\cos\theta$ 为负值，即 $90° < \theta < 180°$，液体不能润湿固体；$\theta = 0°$，表示液体完全能润湿固体。获得良好的钎焊连接，需要在钎焊条件下液体钎料对焊件表面的润湿角小于15°。

必须指出，式（1-30）的前提是液、固两物质纯净均匀、固体表面平整光滑，无化学反应等。由式（1-30）确定的润湿角 θ 称为杨氏润湿角或本征润湿角。实际上固体物质表面总是微观不光滑平整的，焊件表面还不可避免地存在着油脂、灰尘等吸附物，如果被粘材料是金属，则材料表面总覆盖着一层氧化膜等等。上述表面状态使得实际上的液体在固体表面的润湿与式（1-30）的计算结果相比存在一定的差别。

1.4.1.2 液体钎料润湿性影响因素

理论上讲，σ_{LG} 减小意味着液体内部原子对表面原子的吸引力减弱，液体原子容易克服本身的引力趋向液体表面，使表面积扩大，液态钎料容易铺展；σ_{LS} 减小，表明固体对液体原子的吸引力增大，使液体内层的原子容易被拉向固体-液体接触面，即容易铺展。影响液态钎料的铺展的主要因素有如下几个方面。

（1）钎料的化学成分。钎料金属与焊件金属能相互溶解或形成化合物时，其润湿性明显大于单纯的物理润湿。当钎料合金中存在与焊件能相互溶解或形成化合物的组分元素时则促进润湿；同样的，当焊件中含有与钎料组分元素相互溶解或形成化合物的合金元素时则促进润湿。例如：Bi、Cd、Pb 等元素与 Fe 之间基本上不存在明显的相互作用，因此，这些元素在 Fe 表面上表现为明显的不润湿；而 Fe-Cu 和 Cu-Sn 等体系，元素之间就存在明显的相互作用，因而其润湿效果良好。又如 Cu 和 Pb 之间无相互作用，因此 Pb 在 Cu 表面表现为不润湿，当向 Pb 中加入 Sn 后，由于 Sn 和 Cu 之间存在相互作用，因此随着 Sn

含量的增加，润湿性也相应提高，如图1-43所示。

（2）钎焊温度。物质的表面张力随温度变化而发生改变，特别是液体物质的表面张力随温度变化更显著，因此温度的改变将影响液/固三相点的力学平衡，从而引起润湿角的变化。一般地，温度越高，液体金属的表面张力越小，促进润湿和铺展。适当提高钎焊温度是改善钎料润湿铺展的常用工艺措施。但是，如果温度过高，钎料的铺展能力过强，则容易造成钎料过分流失，不易填满钎缝；同时也容易造成溶蚀、焊件晶粒过大等缺陷。因此钎焊温度不宜过高，一般常取为钎料液相线以上20～40℃，或取为钎料熔点的1.05～1.15倍。

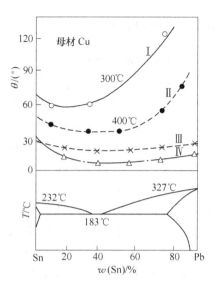

图1-43　液体锡铅合金在铜表面的润湿角

（3）钎焊保温时间。在钎焊温度下的保温时间对润湿铺展有一定影响。在保温时间较短时，润湿角随保温时间增加而减小；当保温时间增加到一定极限时润湿角不再减小；对某些合金体系而言，随保温时间增大，由于焊件中合金元素的溶入或液体钎料中合金元素的损失等导致液体钎料成分发生改变，从而产生表面张力增大，润湿角增大、铺展回缩的现象。

（4）焊件表面状态。如果焊件金属表面存在氧化物，液态钎料往往会凝聚成球状，不与焊件发生润湿，所以，钎焊前必须充分清除氧化物，才能保证良好的润湿作用。金属表面氧化膜可以用锉刀、砂纸、砂磨、金属刷或喷砂等机械方法或物理方法去除；也可以化学介质通过化学腐蚀或电化学腐蚀方法去除。已被去除氧化膜的金属与空气接触后马上又会氧化，而且在钎焊加热过程中的氧化速度更快，所以在钎焊过程中还必须采取去膜及防止氧化的措施。

（5）气氛。温度不变时金属及其氧化物之间的平衡是由氧的分压决定的，若钎焊区氧分压比该温度下氧化物分解产物平衡时的氧分压小，则氧化物将从焊件和钎料表面被去除。因此，随着真空度的提高，在恒温下钎焊室中氧分压将下降，应当促使氧化物的分解和熔融钎料润湿焊件条件的改善。需要指出，真空同时还能引起金属的挥发，则不利于润湿，例如，镉在850℃时对铜的铺展面积在真空度为1.33Pa时有最大值，继续提高真空度则铺展面积随真空度的提高而降低。

（6）钎剂。钎剂能明显改善钎料在焊件表面的铺展性。钎剂提高钎料润湿性和铺展性有不同的作用机理：可以清除钎料和焊件表面的氧化物、减少液态钎料的表面张力、改变润湿铺展的条件。可以通过选择不同的钎剂改变钎料的润湿性。

（7）表面活性物质的影响。所谓表面活性物质是指液体中的表面张力小的组分聚集在液体表面层，使液体表面自由能降低的物质。凡是能使液体钎料表面张力显著减小，发生正吸附的物质，称为表面活性物质。因此当液体钎料中加入表面活性物质时，它的表面张力将显著减小，对液体钎料金属的润湿性因而得到改善。钎料中常见的表面活性物质见表1-7。

表1-7　钎料中的常用表面活性物质

钎料成分	表面活性物质	表面活性物质含量
Sn	Ni	0.1
Cu	P	0.04 ~ 0.08
	Ag	<0.6
Ag	Cu_3P	<0.02
	Pd	1 ~ 5
	Li	1
	Ba	1
Sn-3Ag-0.5Cu	P	<0.2
Cu-37Zn	Si	<0.5
Ag-28Cu	Si	<0.5
Al-11Si	Sb、Ba、Br、Ni	0.1 ~ 2

　　上述分析都是基于液-固仅有物理吸附作用的情况下做出的，当液体钎料与焊件表面相互扩散致使液体钎料成分发生改变，润湿与铺展现象就会变得非常复杂。

1.4.2　钎焊接头的形成

1.4.2.1　液体钎料与焊件的反应

　　液态钎料一旦润湿焊件，钎焊冶金反应立即开始。液态钎料与焊件的相互作用首先发生在液固界面处，焊件表面的原子向液体钎料中溶解和液体钎料的原子向焊件内部扩散。这两个过程都促进了在液固界面处形成高熔点的金属间化合物（intermetallic compound，IMC）。IMC 是一种以简单化学计量比结合的、成分较为单一的、可区分的具有金属属性的均匀相。基体金属溶入液态钎料中的量取决于它在该材料中的溶解度，而 IMC 的形成则取决于基体金属中活性元素的溶解度。使钎料与焊件之间发生适当的相互作用是实现冶金结合，获得优良焊点的基本前提。

　　A　焊件向液体钎料的溶解

　　焊件金属的溶解机制比较复杂，一般认为这是一个分阶段过程：首先是焊件表面层向液体钎料的溶解，然后被溶解的焊件原子从边界扩散层向液态钎料中迁移。在第一阶段，液体钎料金属对固体焊件金属的润湿和原子在相接触面处的交换，固体焊件金属表面晶格原子结合的金属键遭到破坏，而与液体金属原子之间形成新的金属键。第一阶段完成后才能形成第二阶段的异质原子扩散，即被溶解的焊件原子从边界扩散层向液态钎料中迁移。这种扩散导致与焊件金属相接触的液态钎料内的化学成分发生变化。焊件向液体钎料的溶解量与下面因素有关。

　　（1）焊件在钎料中的溶解度。在钎焊工艺参数等条件一定时，焊件与钎料的互溶度大的，其溶解量就大；反之，其溶解量就小。对于 Ag-Fe、Cu-Pb 等在液态下和固态下都不相互作用的体系钎焊时不会发生焊件向钎料的溶解现象；对于在液态下能够互溶，并形成如图1-44所示的简单二元共晶合金相图的体系，在温度 T 下钎焊时，焊件 A 在液态钎料 B 中的溶解度取决于 A 在 B 中的极限溶解度（图中线段 L），极限溶解度越大则溶解量就越多。在钎料中加入焊件 A 组分有利于减少焊件向液体钎料中的溶解量。

（2）钎料温度和接触时间。钎焊时，液态钎料的温度和保温时间对焊件在液态钎料中的溶解具有重要影响。提高钎焊温度（见图 1-44），则焊件在液态钎料中的溶解度增大，同时其溶解速度会显著加快。在高温下固体焊件与液态钎料接触的时间越长，能使焊件溶解越充分，从而增大溶解量甚至达到极限溶解度。因此为了防止焊件溶解过多，钎焊温度不宜过高。

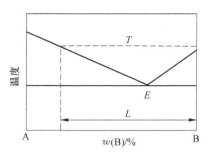

图 1-44   简单二元共晶相图示意图

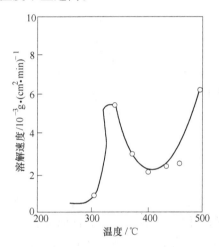

图 1-45   铜在锡液中的溶解速度曲线

若钎焊时焊件与液态钎料在界面上形成金属间化合物，如锡基钎料钎焊铜时，其溶解速度随温度的关系不是单调增加的，而是在某一温度区间溶解度变慢，如图 1-45 所示，因为此时在界面处开始形成了金属间化合物，该金属间化合物的出现阻碍了焊件向液态钎料的扩散，使溶解速度降低。

钎焊时间通常较短，液体钎料的成分都没有因为焊件溶解而达到极限溶解度。在达到极限溶解度之前，随钎焊时间延长焊件溶解量增加。在熔化钎料中浸沾钎焊时，由于液体钎料的数量大，加之焊件在液态钎料中的原子扩散速度远高于固相扩散系数（相差 3~4 个数量级），钎焊时间过长时容易发生焊件的溶蚀现象。

（3）施加钎料的数量和接触面积。所施加的钎料越多，焊件的溶解量越大。在接头内，钎料层较厚的地方，焊件的溶解量往往较大；而在钎料层较薄的地方，焊件的溶解量往往较少。在钎料量相同的条件下，液态钎料与固体焊件的接触面积越大，焊件的溶解会很快达到饱和状态；而接触面积小时，焊件的溶解量也会较小。

焊件向液态钎料中溶解对钎焊的过程质量及接头性能均可能产生很大的影响。适量的溶解有利于改善润湿性和流动性，过度的溶解会使液态钎料的熔化温度和黏度提高，流动性变坏，导致不能填满接头间隙，甚至会引起焊件溶蚀，严重时可出现溶穿。

B   钎料组分向焊件的扩散

原子扩散的驱动力是浓度梯度和原子（分子）的热运动。原子扩散的方向是由高浓度向低浓度方向进行，最终达到浓度均匀。事实上，液态钎料与焊件金属发生相互扩散，既有固态金属被液态钎料溶解后在液相中的扩散，又有液态钎料向焊件金属内部的固相中的扩散。

如果扩散到焊件的钎料组分浓度在饱和溶解度内，则形成固溶体组织，对接头的性能影响较小。实际钎焊过程中有时发现钎料或其组分通过晶界扩散到焊件，导致晶间渗入现象。所谓晶间渗入是指由于晶界原子排列不致密，成为原子扩散的快速通道，在晶界形成钎料组分与焊件的低熔点共晶体，在钎焊温度下呈液相分布在焊件晶间。晶间渗入严重恶化钎焊接头的强度、塑性及其他性能，尤其是在钎焊细、薄件时，晶界扩散（渗入）可能贯穿焊件整个厚度。

1.4.2.2 钎焊接头的形成

A 钎焊接头的组成

如前所述，钎焊是在低于焊件熔点温度下通过钎料的熔化、填充、凝固等过程实现的，然而由于液体钎料与固体焊件的相互作用，钎缝的成分和组织与钎料原有的成分和组织相比发生了较大的改变，并且在钎缝外侧出现了扩散层。因此钎焊接头通常是由三个区域组成的：钎缝层、反应层和扩散层，如图 1-46 所示。

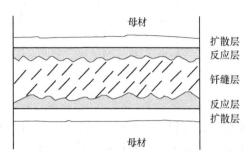

图 1-46　钎焊接头组织分布示意图

钎缝层主要由钎料组分构成，但由于焊件的溶解和钎料组分的扩散，以及凝固结晶的偏析等因素，其化学成分和组织结构与钎料都有所不同，装配间隙较大、钎焊温度较低、钎焊时间较短时钎缝的成分与原始钎料较接近；反之则差别较大。

扩散层是钎料组分向焊件中扩散形成的区域，主要是钎料组分在焊件中的固溶体。

反应层组织是液态钎料与焊件相互作用，凝固后形成的区域，与液态钎料的凝固结晶的晶核生成机制有关。该区域组织决定了钎焊连接的结合机理，对钎焊接头的性能影响很大。

B 反应层

钎焊接头的反应层主要有固溶体型和化合物型两种类型。

（1）固溶体型。一般说来，在相图上钎料与焊件能形成固溶体，钎焊后在反应层即可能出现固溶体。这种固溶体组织具有较好的强度和塑性，对接头的性能是有利的。钎焊凝固结晶与熔焊凝固结晶过程是相似的，都是分为晶核生成和晶核长大两个阶段。当钎焊纯金属和单相合金时，如果所用的钎料与焊件成分基本相同，或者两者晶格相同、晶格常数相近（如 Ni 与 Fe），钎缝凝固也会像熔焊一样发生交互结晶。例如采用铝硅共晶钎料钎焊纯铝时，钎焊过程中伴随铝焊件向液体钎料中的溶解，界面处的铝含量可以达到 90% 左右，相当于亚共晶成分，凝固时首先析出的 α-Al 固溶体与焊件呈交互结晶形态，钎缝中心区的液体钎料处于共晶成分，最终仍然形成与钎料相似的共晶组织。

（2）金属间化合物型。钎焊焊件 A 和钎料 B 具有如图 1-47 所示的合金相图时，在钎焊接头的界面区易于形成金属间化合物型反应层。属于图 1-47（a）的合金体系有 Ag-Mg、Ag-Cd、Ag-Ti、Ag-Sb、Ag-Zn、Ag-Sn、Ag-Al、Au-Pb、Cu-Ga、Cu-In、Fe-Zn、Ni-Bi 等；属于图 1-47（b）的合金体系有 Al-Cu、Al-Mg、Cu-P、Fe-Si、Ti-Sn 等。如果 A-B 合金体系存在几种化合物，在一定条件下（如钎焊温度过高），焊件向液体钎料的溶解使在反应层生成含焊件元素少的一种化合物后仍然未达到该温度下的平衡状态，A、B 之间将继续扩散，钎缝冷凝后就有可能形成另外几种化合物。

以上是纯金属钎料钎焊纯金属焊件的情形。当使用合金钎料钎焊合金焊件时情况更为复杂。一般地，用合金钎料钎焊时，钎料组分究竟能否同焊件金属形成金属间化合物，除了取决于该组分同焊件金属的相图外，还与其对焊件金属和钎料基体金属的亲和力的相对

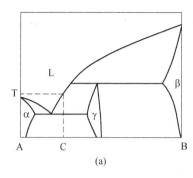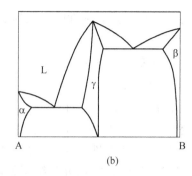

图 1-47　形成金属间化合物的二元合金相图

大小以及在钎料中的浓度等因素有关。如果某组分能与焊件金属形成化合物且对焊件金属的亲和力又显著大于对钎料基体金属的亲和力，则在该组分浓度很小的情况下就会出现界面化合物层；反之，如果该组分对钎料基体金属的亲和力远大于对焊件金属的亲和力，则不易形成界面化合物层。如果该组分对焊件金属和钎料基体金属的亲和力大小相近，则它在钎料中的浓度高于一定值后则可能形成界面化合物层。因此，当钎料基体金属能与焊件金属形成化合物时，为了减薄和防止反应层形成金属间化合物，一般可以采取如下措施：一是在钎料中加入既不与焊件金属又不与钎料基体金属形成化合物的组分；二是在钎料中加入能同钎料基体金属形成化合物但不同焊件金属形成化合物的组分。

1.4.3　常见钎焊缺陷

常见钎焊缺陷主要是各类钎缝的不致密性，包括钎缝中的气孔、夹渣和钎缝不饱满等缺陷。这些钎焊缺陷主要处在钎缝内部。表 1-8 为钎缝各类不致密性缺陷及其形成原因。

表 1-8　钎缝常见缺陷及其产生的原因

缺　陷	产　生　原　因
未焊合	装配间隙过大或过小
	钎焊前表面准备不佳
	钎剂选择不当（如活性差、熔点不合适）
	钎焊温度不当
钎料在一面没有填满间隙及形成钎角	钎剂的活性或毛细填缝能力差
	钎料的毛细填缝能力差或数量不知
	钎焊加热不均匀
钎缝中气孔	钎焊前零件清洗不当
	钎剂选择不当
	焊件和钎料中析出气体
钎缝中夹渣	钎剂使用量过多或过少
	间隙选择不合适
	钎料从两面填缝
	钎剂与钎料熔化温度不配合
	钎剂黏度或密度太大
	加热不均匀

1.4.3.1 局部未焊合

钎缝内部的局部未焊合与钎焊过程中液体钎剂及液体钎料的填缝过程有很大关系。液态钎剂或钎料在填缝时不是均匀、整齐地流入间隙，而是以不同的速度、不规则的路线流入间隙，这是产生宏观空洞钎缝内部的局部未焊合的根本原因。从理论上说，如果接头间隙均匀且间隙内部金属表面清洁度和粗糙度均一，则液态钎剂或液态钎料在间隙内部的填缝过程中应该是速度一致，填缝的前沿整齐均匀。而实际情况常常不是这样的，由于间隙内部的金属表面不可能绝对平齐，清洁度也有所差异，加以液体钎料与焊件表面的物理化学作用因素的影响，使液体钎剂和液体钎料在填缝时常常以不整齐的前沿向前推进（见图1-48）导致了钎缝内部的局部未焊合缺陷。

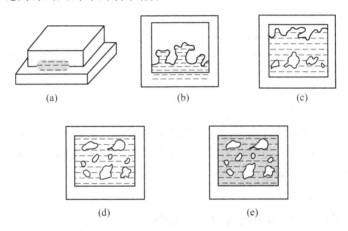

图 1-48 钎缝内部局部未焊合缺陷产生过程示意图
（a）钎料熔化；（b）开始填缝；（c）继续填缝；（d）完成填缝；（e）钎料凝固

钎焊时通常总是钎剂先熔化，熔化的钎剂在间隙中填缝时由于小包围现象而将一部分气体包住，被包围的气体很难被排出。当熔化的钎料填缝时，由于包围处的金属缺乏钎剂的去膜作用，钎料无法填充，残留在包围圈内的气体形成气孔。同样，钎料在填缝时也会造成对钎剂的小包围现象，结果形成夹渣。

另外，熔化的钎剂或钎料沿钎缝外围的流动速度与其在间隙内部的填缝速度是不同的。液体钎料在钎缝外围的流动速度常常远大于间隙内部的填缝速度，结果可能造成钎料对内部气体或钎剂的大包围现象，如图1-49所示，一旦形成大包围后，所夹的气体或钎剂就难以从很窄的间隙中排出，使钎缝中心形成大块未焊合和夹渣缺陷。

造成大包围现象的原因有以下几种：

（1）钎缝外围受钎剂或气体介质去膜作用比间隙内部更为充分，以致钎料易于沿钎缝外围流动；

（2）钎料在平行间隙中填缝比在L型槽中流动时受到的阻力大，因此钎料在外围流动比在间隙内流动速度大；

（3）钎缝外围的温度往往比间隙内部高，有助于液态钎剂和钎料的流动。

因此，间隙内部的毛细作用虽然比外围的大，但由于上述因素的影响，钎料沿钎缝外围的流动速度却大于它在间隙内部的填缝速度。

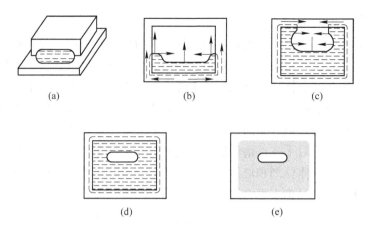

图 1-49　钎料填缝的大包围现象示意图
（a）钎料熔化；（b）开始填缝；（c）继续填缝；（d）完成填缝；（e）钎料凝固

1.4.3.2　钎缝气孔

A　钎缝金属气孔形态

钎剂在加热过程中可能分解出气体，焊件或钎料中某些高蒸汽压元素的蒸发，以及溶解在液态钎料中的气体在钎料凝固时的析出，这些气体在钎料凝固前如果不能及时全部排出，就可能在钎缝中形成空洞。

B　钎缝气孔的形成过程

在焊接熔池结晶过程中，溶解于液体金属中的气体将经历三个阶段，即气泡生核、气泡长大和气泡脱离，每个阶段相互联系而又彼此不同，如图 1-50 所示。当气泡在金属凝固之前能够脱离液体金属则不会形成气孔；反之则会被冻结在固态金属中而成为焊缝气孔。

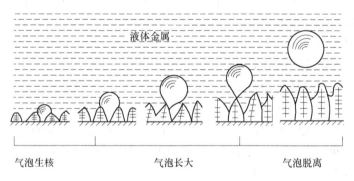

图 1-50　熔池中的气泡形成及上浮过程示意图

【知识点小结】

焊接与材料连接（welding and Joining）是将两种或两种以上材质的固体（同种或异种），通过加热或加压或两者并用，在界面处生成冶金结合，形成不可拆卸的连接接头，从而实现物理量的可靠传递。冶金结合的本质形成化学键（金属键），原子间距接近金属键长（约 $0.3 \sim 0.5nm$）。为了克服待阻碍界面紧密接触的各种不利因素，需要施以压力和热量。金属焊接与连接分为熔焊连接、压焊连接和钎焊连接三大类，每一大类焊接方法又可以按照焊接热源、保护方式、接头形式等方面分成若干小类别。

熔焊时，在焊接热源作用下，焊件在焊接过程中某时刻的温度分布称为焊接温度场，表示成 $T' = f(X, Y, Z)$；随焊接热源移动焊件某处经历的升温—降温过程称为焊接热循环，表示成 $T^{XYZ} = f(t)$。焊接温度场和焊接热循环可以采用焊接传热理论进行数学计算，也可以采用实测确定。焊件温度场高于焊件金属熔点的区域形成金属熔池，随后熔池冷却凝固形成焊缝；焊缝两侧金属受高温热作用组织和性能发生改变而成为焊接热影响区。因此熔焊焊接接头主要由焊缝和热影响区组成。焊缝金属易出现与凝固过程相关的组织缺陷，如晶粒粗大、组织不致密、气孔、夹杂、成分偏析以及焊接裂纹等；热影响区易产生软化、脆化、硬化、耐蚀性下降等缺陷。此外，局部焊接加热还会导致焊件内部产生内应力，焊件的外形有时也会发生变形。这种应力和变形如果超过允许的范围，就需要焊后矫正处理。

压焊连接，又称固相焊，是在加热或者不加热的条件下进行，利用顶锻、摩擦等机械作用对被焊金属施加压力产生塑性变形，克服连接界面之间的凹凸不平，破坏氧化膜及其他污染物，使待连接界面金属紧密接触，进而形成金属键而实现的连接过程。压焊连接分为常温压焊和热压焊。常温压焊的接头强度随塑性变形量的增加而增大，当塑性变形量达到 $60\% \sim 90\%$ 时接头强度接近焊件冷加工状态。常温压焊的加压方式可以是缓慢挤压、滚压或者冲击加压；加压变形量可以一次完成或者分几次完成。热压焊接头形成一般经历金属物理接触界面的形成、原子扩散、界面反应层形成等阶段。同种金属材料热压焊时，界面处发生的是同质原子扩散，界面反应主要是动态回复与再结晶反应，焊后接头的化学成分、组织与焊件基本一致；两种能形成无限固溶体的金属材料热压焊时，界面处发生原子互扩散运动，最终形成固溶体型扩散层；如果两种金属只能形成有限固溶体，则扩散层发生化合反应，形成界面金属间化合物。金属与陶瓷连接时反应产物比较复杂，可生成各类化合物。

钎焊是指采用熔点比焊件低的填充金属材料（称为钎料），在加热温度低于焊件熔点而高于钎料熔点的条件下，依靠熔融钎料在焊件表面（或断面）润湿、铺展、填缝，并与焊件发生相互作用（溶解和（或）扩散），随后经过冷却凝固而形成冶金结合的连接方法。钎焊接头通常由钎缝区、界面区和扩散区等三个区域组成。多数情况下钎焊界面区能够形成金属键合；在不形成金属键的情况下，分子间作用力（色散力、诱导力、极性力）以及界面两侧的双电子层所提供的界面静电引力结合。

复习思考题

1-1　什么是焊接，焊接与其他连接方法有哪些不同？

1-2　焊接技术有哪些应用？

1-3　简述熔化焊与钎焊的区别，胶接与钎焊的区别。

1-4　什么是焊接线能量？如何选择焊接线能量？

1-5　简述接头的几种主要形式。

1-6　什么是冶金结合，实现冶金结合需要什么条件？

1-7 焊接化学冶金与炼钢相比有哪些不同？

1-8 空气对金属焊接有什么不良影响？焊接常用隔离空气的措施有哪些？

1-9 什么是冶金脱氧剂，冶金脱氧有哪些途径？

1-10 钢铁材料焊接使用的冶金脱氧剂能用于铝、钛等金属焊接吗？为什么？

1-11 一般熔渣的碱度越高，其中的自由氧越多，那为什么碱性焊条焊缝含氧量比酸性焊条焊缝含氧量低？

1-12 产生焊接应力与变形的原因是什么？消除焊接应力的方法有哪些？

1-13 减少焊接变形的措施是否同时也能减少焊接应力？矫正焊接变形的措施是否也能消除焊接应力？

1-14 焊接技术发展的驱动力有哪些？

1-15 焊接技术经历了哪几个发展阶段，发展趋势如何？

1-16 试述钎焊的原理与技术特点。

1-17 焊接区内气体的主要组成有哪些，来源是什么？

2 熔焊连接技术

利用焊接热源将焊件待焊部位及填充材料加热熔化形成液体金属的一类焊接方法统属于熔焊连接。为了实现焊件待焊部位的快速熔化，熔焊连接需要温度高、能量密度大的焊接热源。熔焊连接采用的焊接热源包括气体火焰（主要是乙炔-氧）、电弧和高能束流（如电子束、激光）等，相应的熔焊连接技术分别称为气焊、电弧焊和高能束焊。本章主要介绍电弧焊和高能束焊技术。

2.1 气体保护非熔化极电弧焊

电弧是目前应用最广的焊接热源。焊接电弧是在电极间的气体介质中长时间而有力的放电现象，即在电弧燃烧期间有大量的电子流通过电弧空间。焊接电弧的建立和维持必须满足三个条件，一是电极间要有一定的电压，二是阴极能够发射电子，三是电极间的气体发生电离。焊接电弧引燃后，大量电子从负极经弧柱区流到正极，同时电能转化成热能和光能。焊接电流越大电弧产生的热量就越多。

根据采取的保护方式不同，电弧焊分为气体保护电弧焊、熔渣保护电弧焊和气体-熔渣联合保护电弧焊；根据焊接过程中电极是否发生熔化填充，电弧焊分为非熔化极电弧焊和熔化极电弧焊。气体保护非熔化极电弧焊通常采用高熔点的碳或钨作为电极；熔化电极后一般选用与焊件成分相同或相近的金属丝作为电极。非熔化电极与熔化电极气体保护电弧焊如图 2-1 所示。

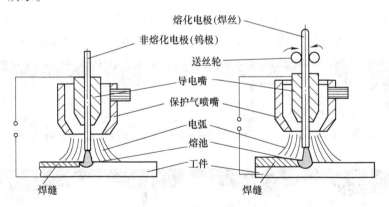

图 2-1 非熔化极与熔化极气体保护电弧焊示意图

2.1.1 钨极氩弧焊概述

钨极氩弧焊是最常见的气体保护非熔化电极电弧焊，以下简称为 GTAW 焊（gas tungsten arc welding）或 TIG 焊（tungsten inert gas）。焊接过程中钨极的作用是维持电弧，而由喷嘴送进惰性或半惰性气体对焊接区域进行保护。
还可根据需要另外添加焊接金属，如图2-2所示。

2.1.1.1 钨极氩弧焊的技术特点

A 引弧

引弧的作用是实现电极与焊件间气隙的电击穿，
产生一定强度的电弧放电。钨极氩弧焊的引弧可以
采取如下三种方法：

（1）接触引弧。通过将钨电极端部与焊件接触
后快速回抽引燃电弧。钨极与焊件接触过程中形成
较大的短路电流，将接触面加热，在电极回抽时形
成的微小间隙内形成部分金属蒸气，形成很短的电

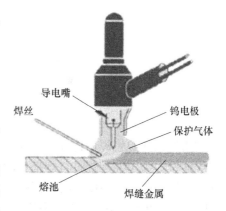

图 2-2 填充焊丝的 GTAW 焊示意图

弧，引发气体电离建立初始电弧。接触引弧会对钨电极产生污染，缩短钨极的寿命。

（2）直流高压引弧。正常弧长能够通过直流稳定引弧的直流电压需要 10kV。这样的高
电压焊机很难达到，并且对焊接操作者是非常危险的。直流高压引弧仅用于自动焊场合。

（3）高频高压引弧。高频电流具有在导体外层传导的特性（集肤效应），高频高压
（如 3kV、5MHz）可以有效地击穿钨电极与焊件的间隙而不会对操作者带来危害，高频高
压引弧无论对钨电极还是操作者都产生最小的伤害，因此成为 GTAW 的主要引弧方式。这
种引弧的主要问题是其产生的高频电磁波经由空气或电源传播后，可能会对附近的电子计
算机系统、电子控制系统、通信系统以及电视机、收音机等设备产生干扰。

B 焊接工艺参数

（1）焊接电流和焊接速度。焊接电流是 GTAW 最重要的工艺参数，决定了电弧功率
和电弧挺度。焊接电流越大则电弧挺度越大，焊件上的熔深越大。熔池（焊缝）的形状由
焊接电流、焊接速度以及焊件材料热物理性质等因素共同决定。为了保证焊缝良好成型，
焊接电流和焊接速度都要在一个合理的范围内，否则会出现焊缝不连续、咬边或不规则的
焊瘤等缺陷。图 2-3 为焊接电流与焊接速度的匹配，通过控制其他工艺参数，如钨极倾

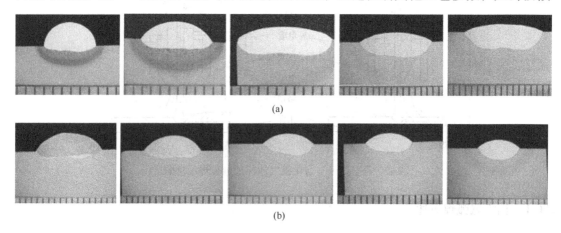

(a)

(b)

图 2-3 焊缝截面形状随 GTAW 工艺参数的变化

（a）焊缝截面形状随焊接电流的变化（140~300A）；（b）焊缝截面形状随焊接速度的变化（40~140mm/min）

角、保护气体成分和流量等，可以在一定程度上辅助改善焊缝成型。

（2）弧长。GTAW 焊的弧长，即钨极端部到焊件表面的距离。增加弧长将减小焊接热量输入效果，使熔深减小。为了获得一致性的焊缝，应该维持弧长稳定。

（3）极性。在 GTAW 焊中，大约 2/3 的热量产生在正极，而 1/3 在负极。因此，为了增大焊件加热功率和减小钨极的热损伤，大多数 GTAW 焊均采用直流正接，即焊件接正极，以获得较大的焊接熔深，如图 2-4 所示。然而对于 GTAW 焊接铝合金时通常采用直流反接，主要是利用电弧阴极对焊件表面氧化物产生清理作用。

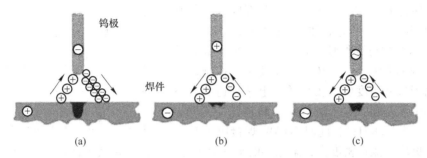

图 2-4　电流极性对 GTAW 熔深的影响示意图

（a）直流正接；（b）直流反接；（c）交流

（4）保护气体。纯氦气 GTAW 焊熔深浅（见图 2-5），加入氩气后可以增加熔深。使用半惰性气体，如在氩气中加入少量的氢气，不仅可以提高熔深，同时可以使焊缝截面趋于饱满的圆形。

（5）焊枪倾角。焊枪倾角指焊枪与焊件表面法向的夹角。焊枪倾角小，电弧压力大，焊缝的深宽比大；反之则相反。为了避免咬边、焊瘤等焊缝成型缺陷，通常需要适当加大焊枪倾角。

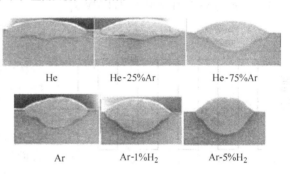

图 2-5　几种保护气的 GTAW 焊缝截面形状

（6）填充焊丝。焊丝的添加将冷却焊接熔池，并减少用于焊件熔焊的热量。可以采用热丝工艺，或者焊丝中增加某些改变熔池表面张力的元素能够增加焊接熔深（参见 2.1.2 活性钨极氩弧焊）。

GTAW 焊电弧稳定，焊缝成型好，焊缝金属质量高；几乎可以焊接所有金属，并且获得高质量的焊缝，GTAW 焊可用于不锈钢、紫铜、铝及铝合金、钛及钛合金等各种金属材料的焊接，广泛应用于化工、化纤、电子元件、飞机制造等工业领域。

GTAW 焊熔深浅，一般用于薄板焊接或者特殊服役要求的厚板打底焊。焊接板厚在 3mm 以上的不锈钢需采用多道焊甚至开坡口工艺，生产效率低，大大限制 GTAW 焊的广泛使用。此外，由于是手工操作，劳动强度大，对操作者的焊接技能要求较高，不利于实现自动化。

2.1.1.2　GTAW 焊技术进展

A　脉冲 GTAW 焊

对于普通直流 GTAW 焊而言，焊接工艺参数的调整范围受到限制。焊接电流过小则电弧不稳定，焊接电流过大则熔池不易控制。为了适应不同材质和不同厚度的焊件的焊接，发展了脉冲GTAW焊接技术，如图2-6所示。脉冲GTAW的基值电流值足以维持电弧燃烧，但不会导致明显的焊件熔化；脉冲电流值则根据焊件材料的物理性能决定，应能保证焊接熔池以足够快的速度扩展，从而保证获得最大的热效率。脉冲时间的确定应考虑焊件的厚度。基值电流、脉冲时间需要与焊接速度相互匹配，其基本原则是允许两个脉冲间隔下的熔池金属凝固。

脉冲GTAW焊分为低频和高频两种类型。低频脉冲GTAW的脉冲频率为1～10Hz，主要用于控制焊接热输入，用于尺寸精度要求较高的核电站管道、航空发动机部件中镍基超合金等的焊接。高频脉冲GTAW的脉冲范围（5～20kHz），此时GTAW焊接电弧具有更大的电弧挺度，能量密度大，采用小的平均电流时，可以实现较大的熔深、较高的焊接速度和焊接效率，适用于板厚较大的场合。

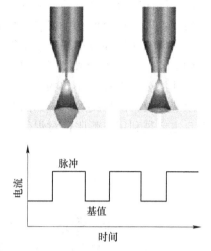

图2-6　脉冲GTAW焊焊接参数

B　交流方波与可变极性GTAW焊

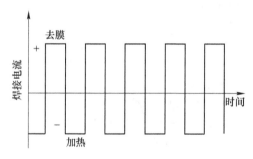

图2-7　交流方波GTAW电弧在
铝合金焊件上的作用示意图

交流方波GTAW焊主要用于铝及其合金的焊接（见图2-7），正半波时焊件接阴极，发挥电弧对焊件表面氧化物的清理作用；负半波时焊件接阳极，电弧的热量使焊件熔化形成熔池。

与正弦波电流相比，交流方波在以下两个方面具有优势：

（1）电弧再引燃。方波可以实现电流过零点期间极性的快速转换，降低了电弧的冷却和重组程度，这对于电弧在相反极性中的重新引燃具有帮助作用，设置与电流过零点同步的瞬态高压可以进一步帮助电弧再引燃。

（2）热输入控制。方波电源具备调整两个半波间权重，对焊接过程提供更进一步的控制。例如当设置焊件作为阳极的周期为20ms，作为阴极的周期为4ms的条件下，交流方波电弧可以有效地发挥阴极清理作用，得到质量好的铝合金焊接接头。

C　热丝GTAW焊

热丝GTAW焊技术是一种自动填丝GTAW焊技术，通过使用一定温度的焊丝进行填充，以获得较高的熔敷效率。热丝GTAW焊装置如图2-8所示，焊丝与焊件之间形成短路，由额外电源供电，焊丝受电阻热预热加热，其熔敷速率可以达到10～14kg/h。

D　双气体GTAW焊

双气体GTAW焊是通过电弧外施加强制气体冷却，降低电弧外围的温度，使电弧导电截面减小，提高电弧中心区域的能量密度和温度，从而实现较大的熔深、较高的焊接速度和焊接效率。

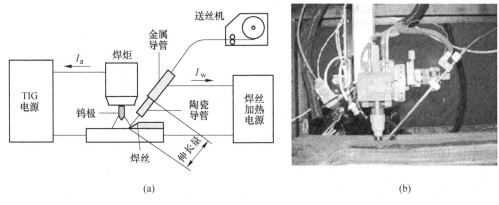

图 2-8 热丝 GTAW 焊原理与装置实物

（a）原理；（b）装置实物

双气体 GTAW 焊采用特制的焊接喷嘴，外部气体由一个环绕着电极的圆柱形喷嘴引导，该气体的作用一是对电弧产生冷压缩作用，提高电弧挺度，其二是对焊接高温区域进行保护。外部气体和内部气体可以是同成分，也可以是不同成分。焊接低碳钢时内部气体可以选 $Ar-5\%H_2$，外部气体选纯 Ar 或 $Ar-20\%CO_2$。

双气体 GTAW 焊已经用于碳钢、不锈钢以及铝等有色金属的焊接。小电流（20～50A）时这种焊接方法较普通 GTAW 的焊接电流减小 30%~40%，对于厚度不超过 3mm 的铝合金和厚度不超过 4mm 的钢，可以不开坡口一次熔透，并且焊接速度提高 20%。

E　活性焊剂 GTAW 焊

活性焊剂 GTAW（A-GTAW）是根据电弧中某些微量元素的存在能够增加焊接熔深的现象，焊接前在焊件待焊部位的表面预先涂敷含有这些元素的物质，然后进行常规的 GTAW 焊接，从而在不增加 GTAW 焊接电流的条件下获得更大的焊接熔深和焊接速度。在相同的焊接规范下，A-GTAW 焊较常规 GTAW 焊可以大幅度提高焊接熔深，最大可达 300%，而正面焊缝宽度无明显增加。

F　等离子弧焊

通过水冷铜喷嘴时，对 GTAW 电弧的拘束作用更强，电弧挺度和能量密度进一步提高，这种方法称为等离子弧焊（plasma welding，PW）。等离子弧焊的原理如图 2-9 所示。

等离子弧焊有两种操作模式，非转移电弧模式和转移电弧模式。非转移电弧模式中钨极接负极、铜喷嘴接正极，焊件不接电源，在气流作用下电弧穿过喷嘴，形成一定长度的"火苗"，当靠近焊件时对焊件产生辐射/对流加热作

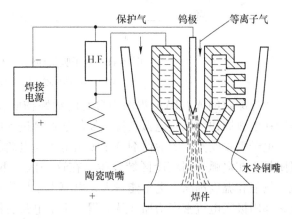

图 2-9 等离子弧形成示意图

用。转移电弧模式中电弧维持在电极和焊件之间，钨极接负而焊件接正，可以在焊件上实

现很高的能量密度和能量。图 2-10 所示为常规 GTAW、A-GTAW 和等离子弧焊焊接不同厚度时所需的焊接时间，图中括号内的数值为焊接层数。

2.1.2 活性钨极氩弧焊

活性钨极氩弧焊（active tungsten inert gas arc welding，A-GTAW）是乌克兰巴顿焊接研究所于 20 世纪 60 年代发明的一种焊接技术，通过在焊件表面涂敷一层活性剂使焊接熔深显著增加。90 年代末美国、英国和日本也研制出了用于奥氏体不锈钢、低合金钢的氩弧焊焊剂，现已广泛用于舰船用管道系统及其零部件的焊接。

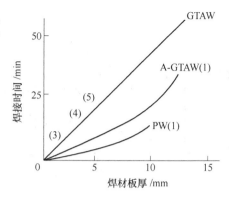

图 2-10　三种钨极氩弧焊焊接
不同板厚所需时间对比

2.1.2.1　A-GTAW 焊熔深增加机理

国内外许多学者关于活性剂增加熔深机理方面的研究已开展许多工作，但是仍存在较大争议，未形成统一的理论体系，其中具有代表性的有电弧收缩机理、表面张力机理等。

A　电弧压缩

电弧压缩机理是西蒙尼克（A. G. Simonik）于 1976 年提出的。此理论将电弧收缩和熔深增加归因于电子吸附，如图 2-11 所示。形成熔池的能量来源于焊件表面吸收的电子动量。焊件表面产生的能量由阳极压降对电子加速所得动能和热量的集中程度决定。由于电流密度增加和电压增大，阳极温度随着电弧收缩上升。

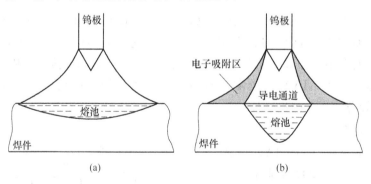

图 2-11　电子吸附导致的电弧收缩示意图
（a）无活性焊剂；（b）有活性焊剂

预先涂敷的 A-GTAW 焊剂中含有的活性物质在电弧高温的作用下蒸发，以原子形态包围在电弧周边区域。电弧高温蒸发的活性剂进入电弧外围区域，通过捕捉电子使电弧收缩，电子吸收受蒸发的活性剂分子吸附电子与电离解离原子形成负离子的能力影响。电子吸附易于在电弧外围较冷区域发生，在这一区域低场强中的电子能量低。而电弧中心区域，场强和温度都高，电子能量大，电离占主导作用。电弧中心区域等离子体收缩导致弧柱区和阳极区电流密度增加，从而得到更窄电弧更深熔深。活性焊剂成分对电弧收缩的影响效果与活性剂分子解离温度有关，温度越高，效果越好。

活性剂分子或原子电子吸附截面积大时，电弧收缩效果好，卤素在解离时电子吸附截面积大，电子吸附能力强，所以电弧收缩效果好，得到的熔深较大。活性剂中的其他成分如金属氧化物，电子吸附直径较卤素小，但具有更高的解离温度，同样促进电弧收缩，因为它们可以给电弧外围区域提供更多的蒸气分子或原子。几种单组分活性焊剂所得焊缝截面如图 2-12 所示。

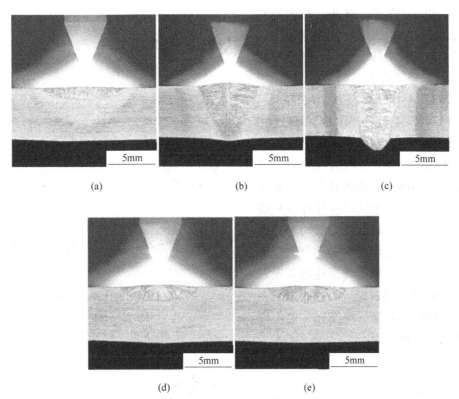

(a) (b) (c)

(d) (e)

图 2-12 氧化物活性焊剂对 A-GTAW 焊电弧和焊缝形状的影响

（a）无氧化物；（b）SiO_2 微粒；（c）SiO_2 纳米粒；（d）Al_2O_3 微粒；（e）Al_2O_3 纳米粒

B 熔池液体金属流动

熔池液体金属的流动行为将影响焊缝的截面形状（见图 2-13）。熔池中液体金属的流动影响因素较多，对熔深影响较大的因素主要包括密度、表面张力和电磁力。

（1）重力（buoyancy force）。由于温度梯度而产生的密度差别导致的液体流动。较冷的液体金属密度高，先沿熔池边界下沉，然后再沿熔池轴线上升，如图 2-13（a）所示。液体浮力使熔池形状变得扁平，不利于增加熔深。

（2）表面张力（surface tension force-hermocapillary or Marangoni convection）。通常情况下，液体金属的表面张力随温度升高而减小，因此熔池中心的液体金属表面张力小而边缘表面张力大，熔池中心的液体金属将向熔池边缘流动，如图 2-13（b）所示，不利于增加熔深。然而当液体金属中含有某些微量的合金元素时，如钢铁中含有微量的 S、O、Se 和 Te 等元素时，液体金属表面张力随温度升高而降低，此时则有利于增加熔深，如图 2-14 所示。

（3）电磁力（也称洛伦兹力）。焊接电流和磁场造成液体金属沿焊接熔池轴线向下流动，然后再沿焊接熔池边缘上升。电磁力有利于增加熔池熔深（见图2-13（c））。

（4）电弧吹力（arc shear stress）。由于喷嘴产生的高速等离子体流过熔池表面而产生液体流动。电弧吹力使得液体金属由熔池中心向熔池边缘流动，不利于增加熔深（见图2-13（d））。

2.1.2.2　A-GTAW 焊技术要点

A-GTAW 焊接与普通 GTAW 焊接相比，主要增加了焊前制备和涂敷活性焊剂的步骤，如图2-15所示。采用氧化物或氟化物粉末，以丙酮混合成糊状物，涂敷在打磨好的钢板表面，干燥后进行 GTAW 焊接。为了获得良好的刷涂性能和均匀一致的焊剂涂层，除了使焊剂粉末充分研磨细化及控制糊状物的黏稠度外，还可事先轻微打磨待焊焊道表面以提高其吸附力。控制涂层厚度的原则是涂层应能充分遮盖待焊焊道表面的金属光泽。

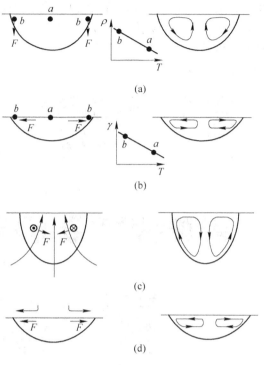

图 2-13　熔池液体流动驱动力及
其对熔池熔深的影响

（a）重力；（b）表面张力；（c）洛伦兹力；（d）电弧推力

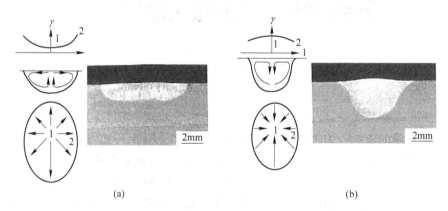

图 2-14　铁中微量硫对熔池液体表面张力和熔深的影响

（a）铁中硫的质量分数为 4.0×10^{-5}；（b）铁中硫的质量分数为 1.4×10^{-4}

2.1.2.3　A-GTAW 技术的应用举例

A-GTAW 焊接能够用于所有形状的接头焊接，包括板、壳体结构、管连接、管板工件，且能够应用于核容器、热容器、航空工程、造船业、化工和食品工业中的接头焊接。

与同等厚度的常规 GTAW 焊相比，A-GTAW 焊可以进行高速低热量输入焊接，所以非常适合于薄壁小直径管-管、管-板焊接。A-GTAW 焊的典型应用是较厚工件（3～12mm）的精密焊接，可采用气体保护自动焊。图2-16所示为采用 A-GTAW 焊接电厂锅炉水冷壁管（20 钢）环焊缝，不开坡口，一道焊透完成，如果采用普通 GTAW 焊，则需要开坡口，焊接 3~4 道。

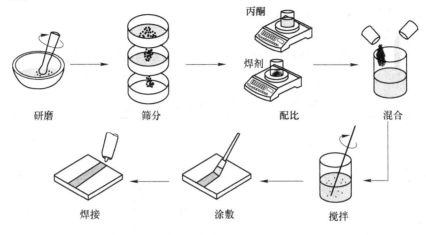

图 2-15　A-GTAW 焊接工艺流程

图 2-16　A-GTAW 在 5mm 厚不锈钢管道焊接上的应用

2.2　气体保护熔化极电弧焊

气体保护熔化极电弧焊（gas metal arc welding，GMAW），简称气电焊，是一类使用连续送进的焊丝作为一个电极，使用活性气体、惰性气体以及混合气体作为保护气体的电弧焊工艺，如图 2-17 所示。气电焊具有焊接热输入小、熔敷速率高、不需（或少量）清理焊渣等优点，应用广泛。

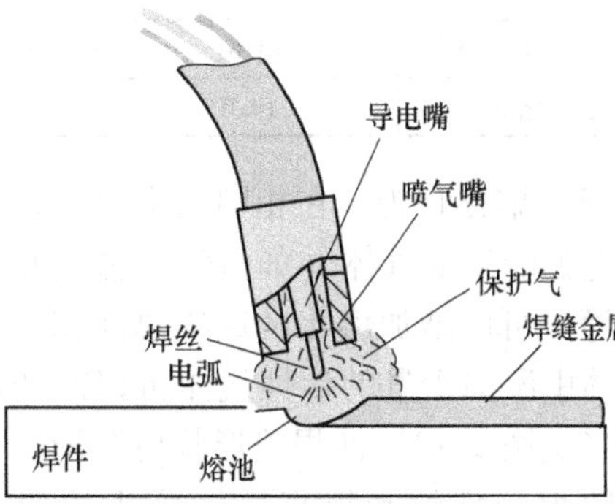

2.2.1　气电焊概述

2.2.1.1　焊接气体

气电焊是气体保护电弧焊的简称。气电焊的保护气体分为惰性气体和活性气体，前者主要是氩气（Ar）和氦气（He）等，后者主要有二氧化碳气体（CO_2）及其混合气体等。氮气不与镍（Ni）、铜（Cu）等金属发生冶金

图 2-17　气体保护熔化极电弧焊示意图

反应，因此焊接这类金属材料时可以用价廉的氮气代替氩气和氦气进行气体保护。根据采用的气体不同，气电焊分为惰性气体保护电弧焊（简称 MIG 焊）、半惰性气体保护焊（MAG 焊）和 CO_2 气体保护电弧焊（简称 CO_2 焊）。

　　A　焊接气体的作用

　　（1）隔离大气。保护气体的保护效果主要是由气体与被焊金属间的相容性决定的，同时还受气体流量、流态等因素的影响。常见气体与被焊金属的相容性见表 2-1。

表 2-1　常见焊接气体与金属的相容性

保护气体	相容的材料	不相容材料及易出现的问题
氩气和氦气	所有金属	无
含氧混合气体	碳钢及低合金钢	活性金属（钛、铝等）的氧化与脆化
二氧化碳	碳钢及低合金钢	超低碳不锈钢中增碳
氮气	铜，镍	低合金钢的气孔、夹杂及熔敷金属脆化
氢气	奥氏体不锈钢	铝合金等熔敷金属气孔，铁素体钢的延迟冷裂纹

　　（2）稳定电弧。电弧实质为气体的电离存在形态。气体电离的难易程度将影响电弧起弧和维持性能。气体电离的难易程度用电离势表征。电离势越低则电弧越稳定。常见气体的物理性质见表 2-2。气体的热导率也会影响电弧稳定性。热导率高可以导致电弧外围温度降低，电弧导电部分的直径减小，电弧能量密度提高，增加电弧的挺度，增加熔深；同时电弧的稳定性变差。

表 2-2　常用保护气体的室温物理性质

气体种类	电离势/eV	密度/kg·m^{-3}	热导率 /W·m^{-1}·K^{-1}	容积比热容 /J·kg^{-1}·K^{-1}
氩气	15.75	1.784	0.018	0.312
氦气	24.58	0.718	0.156	3.12
氢气	13.59	0.083	0.186	10.16
氮气	14.54	1.161	0.026	0.734
氧气	13.61	1.326	0.026	0.659
二氧化碳	14.0	1.977	0.025	0.655

　　（3）熔化行为。在相同的电流下，使用增加电弧能量的气体（如氦气、氢气和二氧化碳等）可以增加熔化区域的总面积。在惰性气体中添加少量的活性气体可以改变熔池形状（见图 2-18）使焊缝形状更圆滑，有利于消除焊接裂纹和提高焊接接头的疲劳强度，同时有利于降低焊接生产成本。

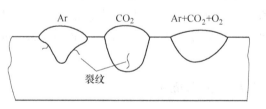

图 2-18　气电焊焊缝截面形状及裂纹敏感性

　　B　焊接气体的选用

　　应根据焊件材料的材质选择焊接气体。Ar 是最常用的气电焊焊接气体，几乎可以用于所有金属材料的焊接。CO_2 是活性气体，在电弧高温下将分解为 CO 和 O，具有很强的氧化性，仅可以用于钢铁材料焊接，并且为了加强脱氧效果，需要配用额外添加 Mn 和 Si 的专用 CO_2 焊焊丝。表 2-3 中给出了不同焊件材料的推荐焊接气体。

表 2-3　气电焊焊接气体的选择　　　　　　（%）

焊件材料	Ar	He	CO_2	O_2	H_2	N_2	电源极性
铝合金	100						直流反接
	25	75					直流正接
铝青铜	100						直流正接
铜	25	75					直流正接
	100						直流正接
镁	100						直流反接
镍	100						交流高频
硅青铜	100						交流高频
低碳钢	75		25				直流反接
			100				直流反接
	98			2			直流反接
低合金钢	97			3			直流反接
	95			5			直流反接
不锈钢	99			1			直流反接
	95			5			直流正接
钛	100						直流正接

2.2.1.2　气电焊的电源特性

气电焊焊丝的熔化速度可以表示为：

$$M_r = \alpha I + \beta I^2 l/a \tag{2-1}$$

式中　I——焊接电流，A；

　　　a——焊丝横截面积，mm^2；

　　　l——焊丝伸长量，mm；

　　α，β——常数。

对于 1.2mm 的普通低碳钢焊丝 $\alpha = 0.3\,mm/(A \cdot s)$、$\beta = 5 \times 10^{-5}/(A^2 \cdot s)$；对于铝焊丝，$\alpha = 0.75\,mm/(A \cdot s)$，$\beta$ 忽略不计。式中等号右边第一项代表电弧加热，第二项为焊丝电阻加热，焊丝干伸长越大则电阻热的贡献越多。另外，直流反接会使焊丝熔化速度增大。

自动送丝电弧焊时，焊丝的熔化速度应等于送丝速度才可以保证焊接过程的稳定。为此需要焊机控制系统具有自调节功能，以保持电弧长度的稳定。通常采用恒压电源外特性，如图 2-19 所示，如果电弧

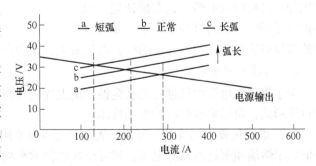

图 2-19　恒压电源的外特性及其弧长自调节作用

长度有变化的趋势，电流会随之发生变化，调整熔化速度与之相匹配。例如，当电弧长度增大时会导致电弧电压增大，电源的输出电流必须减小以满足电压提高的要求；由于熔化速度与电流有关，电流减小将导致熔化速度减小，这样由于焊丝消耗速度减小，因而电弧长度缩短，补偿出现的电弧长度增加。反之，电弧缩短时，会使电流增大，熔化速度增大，电弧长度也会恢复到原来的数值。

2.2.1.3　气电焊的熔滴过渡特性

A　熔滴过渡类型

熔滴过渡是指焊丝端部熔化形成熔滴，熔滴脱离焊丝，穿过电弧区间过渡到熔池的过程。国际焊接学会对熔化极气体保护电弧熔滴过渡的主要形式分为短路过渡、粗滴过渡、射滴过渡几种。熔滴过渡形式对焊接过程的稳定性、飞溅、焊缝质量以及全位置焊接的适应性均有影响。短路过渡易产生飞溅（见图2-20），其主要原因是短路电流大，造成熔滴过热汽化、焊丝过热爆断等。

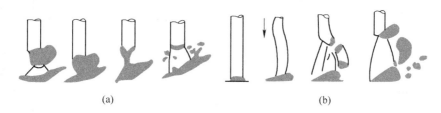

（a）　　　　　　　　　　　　　　（b）

图2-20　短路过渡产生飞溅机理示意图

（a）液桥爆裂；（b）焊丝爆裂

B　熔滴过渡的影响因素

气体保护熔化极电弧焊的熔滴过渡形式取决于焊接电弧体系（焊丝材料和保护气体）和焊接工艺参数。焊接时，焊丝端部的液体金属与焊件上的熔池液体金属之间形成电弧。随焊接电流增加，焊丝端部液体金属的电弧斑点随之扩大，当电弧斑点覆盖整个液体熔滴之后，熔滴的过渡形态由粗滴过渡转变成射滴过渡（见图2-21）。

熔滴过渡形态发生改变的临界电流由焊丝成分、直径以及电弧气氛共同决定。氩气保护电弧焊时，相同直径条件下，铝合金焊

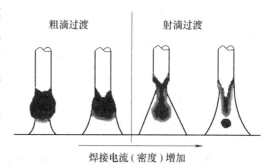

图2-21　随焊接电流密度增加熔滴过渡形态的演变示意图

丝的临界电流较小，而钢焊丝的临界电流较大，钛合金焊丝介于两者之间（见图2-22）。

C　熔滴过渡的控制

为了提高气电焊焊接过程的稳定性，增大气电焊焊接参数的操作范围，针对不同的熔滴过渡形式，可以采取相应的控制技术。

（1）熔滴过渡控制技术。可控熔滴过渡是通过采用脉冲电流实现的，只要脉冲电流的峰值大于熔滴喷射过渡临界电流，就可以在较低的平均焊接电流条件下获得瞬时熔滴喷射过渡，从而实现熔滴的可控过渡。采用较低的基值电流（如50~80A）来维持电弧，采用

较高的电流脉冲（超过射滴所需的临界电流值）来"迫使"熔滴脱离，如图2-23所示。

　　由于每次短路过渡的液相数量变化莫测，使得施加一个固定频率脉冲电流波形不能有效控制短路过程。通过检测短路电压的变化率而不是短路电压阈值。同时施加一个具有适当幅值和持续时间的电流脉冲以得到足够的电弧长度来避免过早的短路。

　　（2）短路过渡控制技术。在燃弧期间获得最佳的熔滴尺寸，而在短路过程中峰值电流被限制在较低水平。如果在燃弧期间形成了足够大的熔滴并获得了有效的润湿，则熔滴被表面张力拉进熔池，而不需要大的短路电流。这个方法不需要预测短路的结束时刻，也不需要在短路结束之前进行电流大小转换，这种方法所用的电流波形如图2-24所示。电弧短路期间降低电流以防止瞬时短路现象；电弧重燃瞬间急速降低电流。

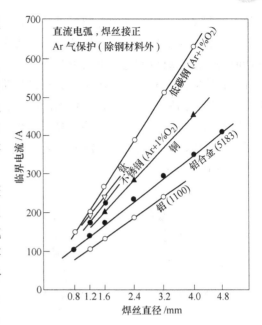

图2-22　熔滴过渡临界电流与焊丝成分和直径的关系

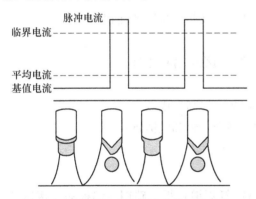

图2-23　脉冲电流实现熔滴的可控过渡

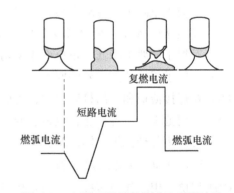

图2-24　短路过渡的峰值电流受限波形

　　此外，还可以通过机械方法快速调节送丝速度控制气电焊的短路过渡过程，由此产生了新的熔滴过渡形式——浸渡（tip-transfer）及新的气电焊工艺——冷金属过渡焊工艺，详见下节内容。

2.2.2　冷金属过渡焊

　　冷金属过渡（cold metal transfer，CMT）电弧焊是奥地利于2002年开发的一种小电流下的短路过渡气电焊新技术。整个焊接过程实现"热-冷-热"快速（数十赫兹）交替转换，焊接热输入大幅降低，可实现0.3mm以上薄板的无飞溅、高质量熔焊和钎焊。

2.2.2.1　CMT焊的基本原理

　　实现稳定、无飞溅的短路过渡是冷金属过渡焊的核心技术。前面已经提到电流波形控制可以抑制飞溅现象，下面介绍另外一个控制措施，即送丝速度控制。

送丝速度控制是在短路液桥的收缩过程中的后期，将焊丝瞬时快速回抽，用机械方法拉断液桥，避免短路大电流下的液桥爆裂飞溅。送丝速度控制的原理如图 2-25 所示。燃弧阶段脉冲电流引燃电弧，熔滴形成；进丝阶段焊丝不断送给，电流降低；当熔滴进入熔池时，焊丝回抽使熔滴脱落，短路电流保持较小值；复燃弧阶段电弧再次起弧，焊丝回复到进给状态，熔滴过渡依此循环往复。这种送丝速度控制通过焊丝端部周期性与熔池接触实现金属过渡，因此又被称为浸渡工艺（dip-transfer arc process）。现代焊机可以做到焊丝回抽的频率为 150Hz。

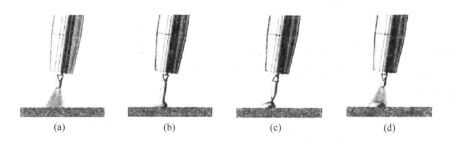

图 2-25　CMT 焊技术中的焊丝回抽原理示意图

（a）燃弧阶段；（b）进丝阶段；（c）抽丝阶段；（d）复燃弧阶段

2.2.2.2　CMT 焊的技术特点

（1）热输入量减少，可减少根部焊缝的焊接变形以及热影响区的面积；

（2）飞溅减少 90%，烟尘减少 50%~70%；

（3）对焊工的要求降低，正反面成型均匀一致，边缘熔合得更好；

（4）降低了焊缝装配误差的要求；

（5）在焊接薄板和根部打底焊中，可取代 GTAW，提高生成效率；

（6）使用范围广，各种非合金钢、低合金钢、高合金钢和电镀钢；

（7）可使用各种保护气体，Ar、N_2 和 CO_2。

2.2.2.3　CMT 焊的应用举例

CMT 焊接适用于任何薄板，超薄板以及 GMAW 钎焊镀锌板，碳钢与铝板的连接以及背面无气体保护的对接结构件的焊接；还可对金属工件出现磨损、划伤、气孔、裂纹、缺损变形、硬度降低、沙眼、损伤等缺陷进行沉积、封孔、补平等修复。图 2-26 为几种典型的 CMT 焊接接头。

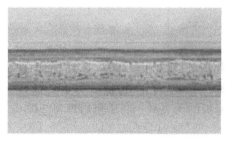
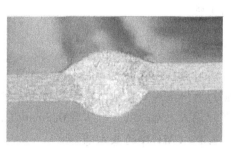

（a）　　　　　　　　　　　　　　　　（b）

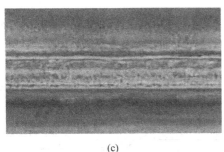 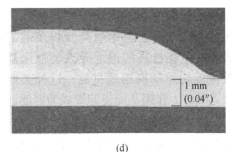

(c)　　　　　　　　　　　　　(d)

图 2-26　CMT 焊接接头举例

（a）0.1mm 镀锌板钎焊（钎料 CuSi₃）；（b）0.3mm AlMg₃ 对焊；

（c）1mm 钢板搭接（保护气 CO₂）；（d）铝/钢熔钎焊

2.3　气体-熔渣保护电弧焊

2.3.1　手工焊条电弧焊

　　焊条的发明可以追溯到 1900 年。早期人们发现焊丝拉拔过程中表面残留的润滑剂使得电弧燃烧更加稳定。由此开始在焊丝外表面通过浸涂、涂敷或压涂等方法有意获得一定化学组成和一定厚度的药皮，并在尾部去除部分药皮以便于将焊丝夹持和通入电流，这种焊丝外面包裹药皮涂层的焊接材料就是焊条。由于焊条电弧焊通常由操作者手持完成（见图 2-27），因此焊条电弧焊通常称为手工焊条电弧焊（shielded metal arc welding，SMAW），或

图 2-27　手工电弧焊的操作

简称为手工电弧焊或手弧焊（manual metal arc welding or stick welding，MMA）。这是一种最常见的电弧焊方法，很多年来一直用于钢结构的焊接制造。

2.3.1.1　手工焊条电弧焊的原理

　　焊接时，焊条端部与焊件之间形成的电弧（约 7000℃）作为焊接热源，焊条药皮受电弧加热而发生分解，产生的气体和熔渣对焊接高温区域提供保护作用，如图 2-28 所示。电弧热在焊件上形成焊接熔池，同时使焊丝芯熔化，熔化的焊丝芯连同药皮一起落入焊接熔池。药皮中通常含有一定成分的合金元素（例如铁合金），这些合金元素金属将溶解到熔池液体中，熔渣部分则漂浮于熔池液体金属表面，最终覆盖在焊缝的表面。焊缝金属的最终成分由焊件、焊丝芯以及药皮涂层的成分共同决定。因此焊条不仅可以用来连接焊件，还可以在焊件表面获得特殊性能（如耐磨或耐腐蚀）的表面堆焊层。

　　在正常的焊接工艺参数下，焊丝芯的熔化速度比药皮快，在焊条端部形成一个套筒结构，有助于电弧稳定指向焊缝。熔化的焊条焊芯和药皮（熔渣）以熔滴形式从焊条端部过

渡到熔池中。熔滴的大小依赖于焊接电流密度和焊条的药皮类型。当熔滴离开焊条端部时，熔滴后端电弧极高的温度导致类似爆炸的膨胀效应促使熔滴向熔池过渡。这种膨胀效应可以克服重力作用从而使仰焊成为可能。

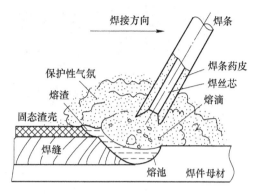

图 2-28　焊条熔化过渡示意图

A　气保护

焊条药皮中加入了一定的造气剂如木粉、纤维素或碳酸盐，以在高温分解形成 CO_2，H，O 和 $H_2O(g)$ 等。这些气体从钢皮内以一定流速向熔池中射出，形成气罩，排开了大气。

此外，一些合金丝中的低沸点物质如 Mg（沸点为 1100℃），在电弧中易形成蒸汽，并与电弧中 N，O 结合，保护了熔滴。

B　渣保护

焊条药皮中加入一定的造渣剂，当焊丝熔化形成熔滴时，渣能迅速覆盖熔滴，同时和熔滴进行冶金反应。既可以防止氮、氧侵入，又可以进行脱氮、脱氧。随后和熔滴一起进入熔池，均匀覆盖熔池并进行冶金反应。要取得良好的渣保护效果，熔渣必须有合适的物理化学性质，如熔点、表面张力、碱度等。

2.3.1.2　焊条的类型

药皮焊条由焊条芯和药皮两部分组成。焊条芯起导电和填充焊缝金属的作用，药皮则用于保证焊接顺利进行，并使焊缝金属具有一定的化学成分和性能。

A　焊丝芯

根据需要获得的焊缝金属的性质，焊条芯可以是低碳钢或其他金属材料。焊接低碳钢和低合金结构钢采用低碳钢焊芯，钢芯的化学成分中具有较低的含碳量和一定的含锰量，但硅、硫和磷等的含量都比较低；焊接合金结构钢、不锈钢用的焊条，则采用相应的合金结构钢和不锈钢丝做焊条芯。常见焊条用焊芯的型号及化学成分见表2-4。

表 2-4　常见焊条用焊芯（丝）的化学成分

型　号	化学成分（质量分数）/%							用　途
	C	Mn	Si	Cr	Ni	S	P	
H08	≤0.10	0.30~0.55	≤0.03	≤0.20	≤0.30	<0.04	<0.04	一般结构
H08A	≤0.10	0.30~0.55	≤0.03	≤0.20	≤0.30	<0.03	<0.03	重要结构

B　焊条药皮

焊条药皮的组成比较复杂，每种焊条的药皮配方中一般由 7~9 种以上的原料配成。焊条药皮原料的种类、名称及作用见表2-5。

焊条药皮类型较多，但是根据所形成焊接熔渣的氧化物组成，大致可分为酸性药皮和碱性药皮。前者形成的熔渣中含有数量较多的 TiO_2、SiO_2 等酸性氧化物（故又称 TiO_2 基药皮），后者形成的熔渣中则含有较多的 CaO、MnO、K_2O、FeO 等碱性氧化物（故又称 CaO

表 2-5 焊条药皮中的常用物质及其作用

种 类	物 质	作 用
稳弧剂	长石、大理石、钛白粉等	易于引弧、稳定电弧
造气剂	淀粉、纤维素、大理石等	产生一定数量的保护性气氛
造渣剂	大理石、萤石、锰矿、金红石等	产生一定数量的保护性熔渣
脱氧剂	锰铁、硅铁、钛铁、铝粉、石墨等	降低熔敷金属中的氧等杂质含量
合金剂	锰铁、硅铁、铬铁、钼铁、钒铁等	提高熔敷金属中的合金元素含量
黏结剂	钾水玻璃、钠水玻璃等	焊条药皮易于成型、附着牢固

基药皮）。酸性焊条的焊接工艺性良好，对焊接处的铁锈、油脂、水分等不敏感，但是熔渣氧化性较大，熔敷金属中的合金元素含量较少、杂质较多，一般用于普通质量的低碳钢和低合金钢结构的焊接；碱性焊条熔敷金属中的氢、氧等含量低，机械性能优良，但焊接工艺性较差，一般用于重要结构的焊接。

C 焊条的选用原则

焊条的选用首先应考虑焊件的化学成分、机械性能和使用条件等因素，其次兼顾考虑焊接设备、焊接生产率和焊接成本等因素。在焊条选用上大体存在两个原则，等强原则和同质原则。

低碳钢和普通低合金钢焊接构件一般都要求焊缝金属与焊件等强度，因此可根据焊件的强度级别选取相应的焊条（等强原则）。需要指出，焊件的强度级别是屈服强度，而焊条型号等级是指熔敷金属的极限抗拉强度。对同一等级的焊条，应考虑焊件的厚度、结构形式、载荷性质等确定，对塑形、冲击韧性、低温性能要求较高的重要构件要选用碱性焊条；一般焊接构件应尽量选用工艺性能良好、成本低的酸性焊条。

对耐热钢、不锈钢等有特殊性能要求的焊接构件，应选用相应的专用焊条，以保证焊缝金属的主要成分和焊件相同（同质原则）。

2.3.1.3 手工焊条电弧焊的应用

手工焊条电弧焊可在室内、室外的各种位置施焊。设备简单，容易维护。焊钳小巧，使用灵活。适用于焊接各种碳钢、低合金钢、不锈钢及耐热钢。也可用于高强钢、铸铁和一些有色金属的焊接。焊接接头可与工件焊件的强度相当，是应用广泛的一种焊接方法。

手工焊条电弧焊的电弧能量易于控制，适合所有位置上的焊接，尤其是适合于结构形状复杂，零件小，短焊缝和不规则焊缝的焊接。

焊条品种多，易于调整熔敷金属的成分，可适用于大多数工业用碳钢、不锈钢、铸铁、铜、铝、镍及其合金。药皮焊条电弧焊通常仅限于焊接钢铁材料，采用专门的焊条也可以少量用于焊接铸铁、镍、铝、铜和其他金属。

手弧焊的优点是设备简单、成本低，维护方便。缺点是生产效率低，需要频繁更换焊条，继续焊接时还需要清理焊缝表面焊渣。

2.3.2 药芯焊丝自保护焊

为了克服上述焊条电弧焊的主要缺点，需要解决焊条的表面导电问题。一种方法是改变焊条的结构，把原先涂在焊丝外部的药皮包裹在中空的金属焊丝内部，这样做成的焊丝称为药芯焊丝（flux corded wire，FCW），普通的不含药芯的焊丝称为实心焊丝。

由于药芯焊丝的外表面是导电的金属，因此焊接过程中可以实现连续送丝，相比焊条电弧焊而言，焊接生产效率得以大大提高。然而，从焊接工艺性和冶金性等方面，药芯均逊于药皮。为了提高药芯焊丝电弧焊接的焊缝质量，药芯焊丝有时采用附加保护气体（如CO_2气体）进行焊接。根据是否附加气体，药芯焊丝电弧焊技术分为药芯焊丝自保护电弧焊和药芯焊丝气体保护电弧焊两种类型。

2.3.2.1　药芯焊丝自保护焊机理

与药皮焊条相似，药芯焊丝的保护途径同样为气保护、渣保护和合金元素保护。由于药芯在金属丝内部，气体的保护效果没有焊条药皮好，渣保护和合金元素保护是药芯自保护焊的主要途径。

合金元素保护是指药芯中加入一些和 N、O 亲和力大的元素如 Al、Mg、Zr、Ti、Si 等，溶入在熔滴与熔池中的高活性合金元素优先和 N、O 形成稳定的化合物，进行脱氮、脱氧。

A　熔敷金属的成分

自保护药芯焊丝的冶金学研究，主要采用热力学和动力学计算，预测夹杂物及焊缝微观组织的形成，并指导自保护焊药芯焊丝的合金体系及成分设计。以获得良好的力学性能。

合金元素的过渡与气相中的氧化势、金属和渣的相互作用及渣的碱度有关。其中气相中的氧化势以 CO_2 量来衡量：

$$CO_2 = A_{CO_2} Q_c C_g \qquad (2-2)$$

式中　A_{CO_2}——分解系数，对碳酸盐常取 0.48；

　　　Q_c——造气造渣剂中碳酸盐的比例；

　　　C_g——药芯中造气剂、造渣剂的质量分数。

如果合金元素在熔敷金属中的含量用 Med 表示，原始含量用 Me 表示，则：

$$Med = f(Me，C_g，K，CO_2) \qquad (2-3)$$

式中　K——渣的碱度。

K 减少，C_g 增大，减少了 C、Mn 的过渡，增大了 Si、Ti 的过渡。CO_2 含量增大，所有合金元素的过渡均减少。

B　熔敷金属的组织与性能

晶粒形态和非金属夹杂对药芯焊丝自保护焊熔敷金属的性能影响较大。

以铝为保护元素时，药芯中铝的添加数量一般在 1%~3%。加入 Al 数量较少时，熔敷金属中的氮含量偏高，韧性不高；但是铝添加量过大时，铝的残留量过多，熔敷金属韧性也下降，有两个方面的原因，一是增加了粗大的先共析铁素体数量，二是形成大量的非金属夹杂物（主要为 AlN），这些脆硬的颗粒可以作为基体局部屈服的裂纹源，对金属基体产生割裂作用。

为了消除铝的不利影响，目前自保护焊多采用在钛钙型渣系中添加 Ti、B、Ni 复合元素，其中 Ti 是主要的脱氮剂，适量的 B 可细化铁素体组织，Ni 起韧化铁素体基体的作用。另外，适量的稀土元素可改善焊缝金属组织的形态，细化晶粒，而且能改变焊缝组织的形态。

2.3.2.2 药芯焊丝的截面形状

熔滴的尺寸通常为焊丝直径的 0.1 ~ 2 倍。这取决于药芯组成、焊丝直径及截面形状（见图 2-29）、焊接工艺参数、焊接电源特性等因素。

图 2-29 几种药芯焊丝的截面形状

O 型药芯焊丝的电弧在焊丝外侧燃烧，导致药芯的熔化滞后于金属外皮，有可能使药芯从金属外皮中突出形成锥形尖端。这种状态不利于熔滴和药芯进行冶金反应，还会使药芯成块脱落进入熔池。采用复杂截面（如双层、多层折叠式等）的药芯焊丝，可在焊丝端部的截面内部提供引弧点，焊丝的熔化比较均匀，减少或消除了药芯尖端。截面越复杂，效果越好，但制造工艺较复杂，成本较高。另外，当药芯中析出气体过多时，焊接过程中在熔滴下部会形成一个向上的气流，阻止熔滴过渡，熔滴尺寸增加，电弧稳定变差、飞溅较大。

2.3.2.3 药芯自保护焊的熔敷速率

药芯自保护焊的熔敷效率明显高于手工电弧焊的熔敷效率，也比实芯焊丝的熔化极气体保护焊高（参见表 1-4）。药芯焊丝电弧焊的高熔敷效率主要归功于电流密度的提高。药芯焊丝电弧焊的熔敷效率可以表示为：

$$M_R = \alpha I + \beta I^2 l/A \qquad (2-4)$$

式中 α，β——常数系数；
$\quad\quad I$——焊接电流，A；
$\quad\quad l$——焊丝干伸长度，cm；
$\quad\quad A$——外皮金属的截面积，cm^2。

式（2-4）等号右端第一项代表电弧产热量而发生的金属熔化，第二项代表焊丝干伸长部分电阻热的贡献。通过增加焊丝干伸长和焊接电流，可以增加药芯焊丝的熔敷效率。为了获得较大的伸长量，药芯自保护电弧焊的焊枪采取特殊的结构，如图 2-30 所示。

2.3.2.4 药芯焊丝自保护焊操作要点

（1）焊丝选择。自保护焊使用的焊丝应根据所焊件确定。如 JC-29Ni1 型药芯焊丝，它是一种低合金钢焊丝，其熔敷金属含 Ni0.80% ~ 1.10%，低温韧性优良，抗裂性能好，一般用于焊接要求韧性高和需要加镍的焊缝，也可用于普通钢、耐大气腐蚀钢及高强度钢的自动和半自动焊接，如输油输气管线、海洋平台、储罐等。

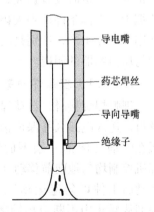

图 2-30 增大焊丝伸长量的焊枪结构示意图

（2）焊接设备。药芯自保护焊机采用平特性电源，配合送丝机可以实现半自动焊工艺。由于药芯焊丝的刚度较实心焊丝小，送丝轮的压力适当减小以避免将药芯焊丝压塌变形。

（3）焊接工艺参数及操作要点。焊接工艺参数主要包括焊接电流、电弧电压、焊接速度以及焊丝干伸长度。焊接电流增加则焊丝熔化量增加，焊缝宽度和熔深均增加。电弧电压增加则焊缝变宽，而熔深及余高减少。焊接速度增加时，焊道宽度及熔深都随之减少，焊道形状变凸，易导致熔渣包覆不全，焊缝外观变差。改变焊丝伸长量会对焊接工艺性能产生影响。

2.3.2.5　药芯自保护焊的应用

自保护药芯焊丝经不断改进，可用于不同位置、不同强度级别钢材的焊接中，在造船、石油化工、冶金建筑和机械制造等工业部门获得了广泛的应用。在一些发达国家，自保护药芯焊丝电弧焊正在成为一种重要的焊接工艺方法。

近年来自保护药芯焊丝还广泛应用于堆焊，并发展成为一种新型表面强化技术。与目前常用的埋弧堆焊、手工堆焊相比，具有清洁、高效、低成本的优点，是目前堆焊方法中最经济、最方便的焊接技术，也是最有前景的表面强化技术之一。

2.4　熔渣保护焊与窄间隙焊

2.4.1　埋弧焊

埋弧焊（submerged arc welding，SAW）是一种电弧在焊剂下燃烧的高效焊接方法。由于焊剂及其熔化形成的渣泡能够阻挡空气进入电弧区域，使得电弧性能得以提高。焊接过程中焊丝连续供应，并且采用较大的焊接电流，因此埋弧焊的焊接效率很高。焊接时没有弧光、几乎不释放气体烟尘，工作条件得到大幅改善。埋弧焊常用于工业生产，特别是用于大型焊接结构与压力容器的制造。

2.4.1.1　埋弧焊的基本原理

埋弧焊焊接时，自动焊焊接机头将焊丝自动送入电弧区并保证选定的弧长，电弧在焊剂（溶剂）层下面燃烧。电弧靠焊机控制均匀地向前移动（或者焊机机头不动而工件以匀速运动）。在焊丝前面，焊剂从漏斗中不断流出铺撒在工件表面，如图 2-31 所示。焊接时部分溶剂熔化成为熔渣覆盖在焊缝金属表面，大部分焊剂

(a)

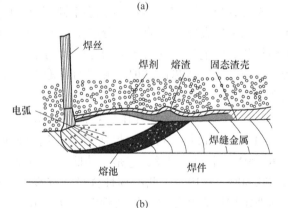

(b)

图 2-31　埋弧焊实物照片与总截面示意图
（a）埋弧焊实物照片；（b）埋弧焊纵截面示意图

未熔化，可回收后重新使用。

电弧将焊剂熔化形成熔渣泡，使空气不能侵入电弧区，保护了熔池免受空气的污染；熔池泡也能够避免金属液滴溅出熔渣泡外，有助于减少电弧热能损失。另外，焊丝伸长量小，允许采用高的焊接电流密度，电弧吹力因此增大。因此，即使采用直径相对较小的焊丝也可以获得非常高的熔深、较大的熔化速度和填充速度。

2.4.1.2 焊接工艺与技术特点

A 焊接工艺

（1）板边准备。根据焊件厚度确定坡口形状清除焊件待焊边缘20～30mm内的污物和铁锈，然后将焊件装配，预留合适装配间隙，用优质焊点点固。对于20mm以下工件时，可以采用单面焊接。工件厚度超过20mm时可进行双面焊接，或者开坡口后采用单面焊接。

（2）由于引弧处和断弧处质量不易保证，焊前可在接缝两端焊上引弧板和引出板（见图2-32），焊后再去掉。为保持焊缝成型良好和防止烧穿，生产中常常先用手工焊（焊条电弧焊或氩弧焊）封底，或者采用垫板。

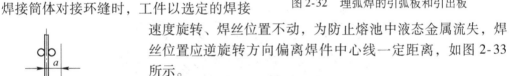

图 2-32 埋弧焊的引弧板和引出板

焊接筒体对接环缝时，工件以选定的焊接

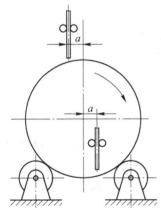

图 2-33 内外环焊缝埋弧
自动焊焊丝位置示意图

速度旋转、焊丝位置不动，为防止熔池中液态金属流失，焊丝位置应逆旋转方向偏离焊件中心线一定距离，如图2-33所示。

B 焊接工艺参数

埋弧焊焊接工艺参数取决于焊件的尺寸，兼顾焊接熔深和焊缝形状。埋弧焊的焊接工艺参数主要有焊接电压、焊接电流、焊接速度、焊丝直径和伸长量、焊剂成分及厚度等。对于重要构件的焊接，需要焊前做工艺评定试验已确定合适的焊接工艺参数配合。

焊接电压决定了焊缝宽度，电压越高焊缝越宽（见图2-34）；焊接电流决定焊缝深度，电流越大焊缝深度越大。焊接速度则通过焊接热输入影响焊缝形状，一般地，焊缝熔深随焊接速度增加而减小。焊接速度过小时（例如低于20cm/min）则由于熔池液体数量过多阻挡了电弧对焊件的加热，反而不利于焊接熔深的增加。焊接电流一定时，焊丝直径小则电流密度大，可以获得较大的熔深（见图2-35）。焊丝伸长量小则熔深较大，埋弧焊时一般取20～30mm，而埋弧堆焊时需要较小的熔深则需要采用较长的焊丝伸长长度。焊剂的厚度需要根据熔池的大小确定。

C 技术特点

（1）生产率高。埋弧焊的电流常用到1000A以上，即比焊条电弧焊高6～8倍；又因焊接过程中节省了更换焊条的时间，所以埋弧焊比焊条电弧焊焊接生产效率提高5～10倍。

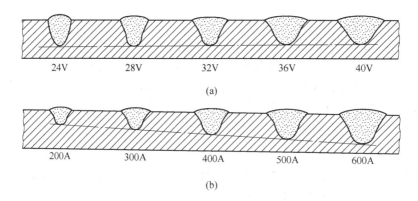

图 2-34　埋弧焊焊缝形状随焊接电压和焊接电流的变化

（a）焊缝形状随焊接电压的变化；（b）焊缝形状随焊接电流的变化

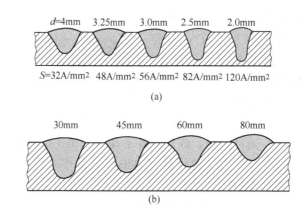

图 2-35　埋弧焊焊缝形状随焊丝直径和伸出量的变化

（a）焊缝形状随焊丝直径的变化；（b）焊缝形状随焊丝伸出量的变化

（2）焊接质量高而且稳定。埋弧焊焊剂供给充足，电弧区保护严密，焊接规范自动控制，焊接质量稳定。

（3）节省金属材料。没有焊条尾部，在 20～25mm 以下的工件用埋弧焊时可以不开坡口。

（4）改善了劳动条件。自动焊看不到弧光，焊接烟雾也很少，焊接时不必焊工用手操作，所以劳动条件得到很大改善。

埋弧焊常用来焊接长的直线焊缝，或者较大直径的环形焊缝。当焊件厚度增加和批量生产时优势更为明显。对接头的加工和装配质量要求较高，一般总是在平焊位置进行焊接，对薄板，以及狭窄位置的焊接受到一定的限制。埋弧焊主要用于普通碳钢和低合金钢的厚大结构焊接，已经在电站设备、核容器、重型机械、船舶与海洋工程等工业得到应用。埋弧焊还可用于简单几何形状和较薄板壳结构的高速焊接，例如制造储存液化石油气的压力容器等。

2.4.1.3　埋弧焊技术进展

单丝埋弧焊通常采用焊丝直径为 1.2～6mm，焊接电流 120～1500A。这是埋弧焊的基本形式，在此基础上衍生出了更为优良高效的双丝或多丝埋弧焊，用于需要较高焊接效率的应用，比如风电、海工、造船、压力容器、重型机械、管道等行业。

A 单电源双丝埋弧焊

两根较细的焊丝代替一根较粗的焊丝，两根焊丝共用一个导电嘴，以相同速度且同时通过导电嘴向外送出，在焊剂覆盖的坡口中熔化。这些焊丝的直径可以相同也可以不相同；焊丝的化学成分可以相同也可以不相同。并列双丝焊设备简单，初始投资成本低，熔敷率高，焊接速度快，可减低焊接热输入量，减少焊接变形。

B 多电源多丝埋弧焊

多电源多丝埋弧焊（又称 tandem welding）是指两个或多个焊丝分别由各自的焊机和送丝机构引入到同一焊接区域的焊接方法（见图 2-36）。根据焊丝间的距离分成单熔池和双熔池两种。单熔池两焊丝间距离为 3～22mm，两个电弧形成一个共同的熔池和渣泡，前方焊丝的电弧保证熔深，随后焊丝电弧调节熔宽，使焊缝具有适当的熔池形状及焊缝成型系数。多电源串联多丝埋弧焊现在最多的已增加至 6 电源串联 6 丝埋弧焊。

C 集成冷丝埋弧焊

平行排列三根焊丝同时送进焊接区，两侧的两根焊丝接电，中间一根焊丝不接电（见图 2-37）。中间焊丝依靠吸收两侧焊丝的电弧热发生熔化。这样在两根平行的热丝中间插入一根冷丝，利用热丝多余的热量来熔化冷丝，可以有效利用电弧热，提高焊接生产效率，并降低焊剂消耗，降低热输入量和变形。

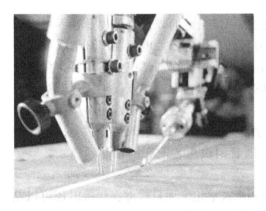

图 2-36 多电源多丝埋弧焊装置

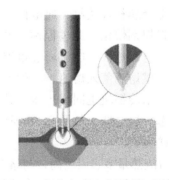

图 2-37 集成冷丝埋弧焊焊接示意图

D 窄间隙埋弧焊

窄间隙埋弧焊是为厚壁压力容器埋弧焊研制的新技术。大厚度板焊接通常需要开 V 形或 U 形坡口，采用多道次埋弧焊填满坡口，需要消耗大量的焊接材料、能源和时间。窄间隙埋弧焊采用几乎平行窄小间隙，使得厚度 350mm 以下的厚板焊接一次完成，窄间隙焊接接头的焊接变形更小，力学性能更好。相关内容详见 2.4.3 节。

2.4.2 电渣焊

电渣焊是利用电流通过液态熔渣所产生的电阻热作为热源进行熔焊焊接的一类焊接方法。一般在立焊位置，并且无论板厚是多少，不开坡口（又称 I 型坡口），如图 2-38所示。

2.4.2.1　电渣焊的基本原理

电渣焊的焊接过程如图 2-39 所示。两个工件位于立焊位置装配，装配间隙为 25～35mm，工件板面两侧安装铜块阻挡熔渣和液体金属流出，使板面间局部形成熔池。铜块中有冷却水通过，强制液体金属冷却凝固。

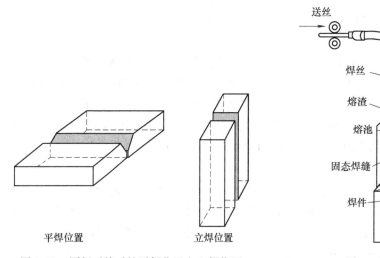

图 2-38　厚板对接时的平焊位置和立焊位置

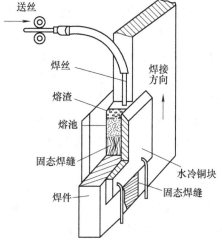

图 2-39　电渣焊示意图

焊接时，在两板间隙及铜块围成的区域内铺垫一定数量的焊剂，将焊丝送入穿过焊剂层与底部金属衬板接触，通电使焊丝端部与衬板间产生电弧，电弧在焊剂下燃烧，产生的热量将焊剂熔化，此过程称为电弧造渣过程。当所有的焊剂都成为熔渣时，将焊丝拉离熔池，电弧熄灭，电流通过熔渣，使熔渣的温度保持在焊丝熔点以上，焊丝被熔渣加热熔化形成熔滴落入熔池。焊丝不断被送进，熔池中液体数量增加，使得熔池与熔渣液面上升，水冷铜块也同时逐步上升，由于熔池下面的液体金属输入热量减少，不断凝固形成固态焊缝金属，如图 2-39 所示。这样，随着铜块从装配底部移动到顶端，整个焊缝即焊接完成。

由于熔渣热量多、温度高，与熔渣接触的金属都被熔化，而且焊丝在焊接时还可以左右摆动，因此很厚的工件也可用电渣焊一次完成。例如单丝摆动电渣焊可焊接厚度为 60～150mm。对于更厚的板材可以采用多根焊丝或带状焊丝。

2.4.2.2　电渣焊的技术特点

（1）很厚的工件可以一次焊成。这就从根本上改变了重型机械的制造工艺，可以用铸－焊、锻－焊组合结构拼小成大，以代替巨大的铸、锻整体结构，可节约大量的金属材料和铸锻设备投资。

（2）焊接材料消耗少。例如厚度在 40mm 以上的工件，即使使用埋弧自动焊，也必须开坡口进行多层焊；电渣焊时则任何厚度的工件都不开坡口，只要使焊接面之间保持 25～35mm 的间隙就可一次完成。

（3）焊缝金属比较纯净。电渣焊时金属熔池上面覆盖着一定深度的熔渣，可避免空气侵入，另外金属熔池的存在时间较长，有利于其中的气体与杂质有充分的时间逸出。

电渣焊热输入大，熔池体积大，焊件高温停留时间长，易形成粗大晶粒的过热组织，因此机械性能较差。对于较重要的焊接构件，焊后必须进行正火处理。

2.4.3　窄间隙焊

为了保证焊透，厚大件焊接时焊前需要开坡口。对于常规的 U 形坡口，焊接接头的熔合区的体积和焊接时间都与接头厚度的平方成正比。当坡口的角度变小时，熔合区的体积和焊接时间都会明显减小。如果坡口变成两侧平行的窄缝，这一差别将非常显著（见图2-40)，在厚板焊接过程中尤为重要。

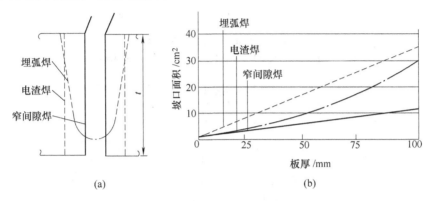

图 2-40　厚板焊接坡口形状及面积
(a) 坡口形状；(b) 坡口面积

窄间隙焊接技术是 1963 年由美国巴特尔（Battelle）研究所提出的，1966 年首次使用"窄间隙焊接"（narrow gap welding，NGW）一词，并迅速得到世界各国焊接领域专家的高度关注，投入了大量的研究。70 年代至 80 年代，窄间隙焊研究解决了狭窄的坡口内电导入技术、电弧摆动燃烧技术、焊缝自动跟踪技术，以及研制专门的焊接材料（焊丝、焊剂、保护气体等），使窄间隙焊从实验室研制迅速进入工业生产应用。目前用于窄间隙焊的方法包括窄间隙埋弧焊（NG-SAW）、窄间隙气电焊（NG-GMAW）和窄间隙钨极氩弧焊（NG-GTAW）。

按照美国焊接协会（AWS）的定义，窄间隙焊接是指在小根部开口、小坡口角度（2°~20°）的 U 形或 V 形坡口内填充金属的多层焊技术，因此窄间隙焊有时又称为窄坡口焊（narrow groove welding）。窄间隙焊坡口的典型形式是两边平行的窄缝，背面加上衬底（见图2-41 (a)），也可以根据不同的焊接条件和实际应用，将坡口设计成不同的形式（见图2-41 (b)、图2-41 (c)）。随着焊接方法和焊接设备的不同，间隙的宽度也不相同。NG-GTAW 焊所对应的间隙宽度约为 8mm，而 NG-SAW 的间隙宽度需要 20mm。焊缝横截面积比传统弧焊方法至少减少 30% 以上（见图2-42）。

与常规电弧焊相比，窄间隙焊焊接接头具有大的深宽比，所需的填充金属、焊接能量和焊接时间都相应减少。因此，窄间隙焊优点表现为节省焊接材料、焊接能量和焊接时间，生产成本低；焊接热输入小，焊接变形小。窄间隙焊也存在如下不足，如某些焊接条件下易产生诸如侧壁熔合不良的缺陷；一旦出现焊缝内部缺陷，去除这些焊接缺陷困难。

　　窄间隙焊的典型工艺包括窄间隙 SAW 焊、窄间隙 GMAW 焊和窄间隙 GTAW 焊。

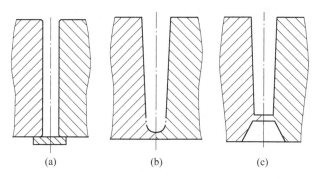

图 2-41　常用的窄间隙焊坡口形式

（a）单面衬板坡口；（b）单面锁边坡口；（c）双面焊坡口

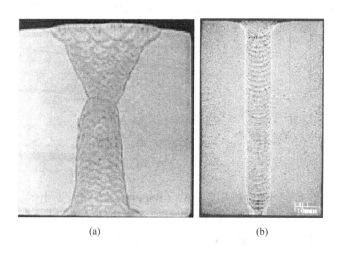

图 2-42　100mm 厚板对接接头

（a）常规多层焊；（b）窄间隙焊

2.4.3.1　窄间隙 SAW 焊

　　埋弧焊是应用窄间隙技术中最成熟、最可靠、应用比例最高的焊接方法。与传统埋弧焊相比，窄间隙埋弧焊总效率可提高 50%~80%，可节约焊丝 30%~50%、焊剂 55%~65%。

　　埋弧焊的电弧线能量大，容易实现侧壁熔合；焊缝几何尺寸对电弧能量参数波动不敏感；无焊接飞溅，利于埋弧窄间隙焊接时送丝及焊枪在坡口内移动，这对保证窄间隙焊接的熔合质量和过程可靠性起了决定作用。NG-SAW 的局限性在于：由于狭窄坡口内单道焊接时极难清渣；难以实施平焊以外的其他空间位置焊接。

　　窄间隙埋弧焊焊接用坡口形状为 U 或 V 形（20°~40°），使用焊丝直径 2~5mm，钢板厚度大则取较粗焊丝。对于环缝焊接，窄间隙 SAW 分为单道焊和多道焊。前者效率高，但是对工艺参数控制和焊剂脱渣性要求较高，需要专门的自脱渣焊剂；后者效率较低，但是能够使用标准的或略为改进的焊剂，以及普通 SAW 焊接工艺。

　　已有各种单丝，双丝和多丝的窄间隙埋弧焊成套设备出现，主要用于水平或接近水平位置的焊接，如图 2-43 所示为环焊缝的窄间隙埋弧焊焊接。

图 2-43　环焊缝窄间隙埋弧焊焊接现场

2.4.3.2　窄间隙 GMAW 焊

GMAW 焊不存在脱渣问题，需要的装配间隙小（约为 NG-SAW 的 1/2 左右，一般为 9~14mm），通过采用特殊超薄型焊枪和特别电弧控制技术，还可以实现超窄间隙（如 3~5mm）；通过焊丝直径与电弧能量参数的适当组合，可以实现熔滴从短路过渡到旋转射流过渡、焊接热输入范围宽，这将为窄间隙技术的实施工艺优化时，在兼顾焊接生产率与材料的冶金热敏感性、焊缝空间成型与熔合特性、熔敷控制与接头的塑、韧性损伤等技术因素时，提供了宽阔的优化选择空间；易于实现平、平角、船形位置的中等或大热输入焊接，也可以通过细丝、短路过渡工艺实现立、仰或全位置的低热输入、甚至超低热输入焊接。

尽管高 CO_2 含量的保护气体可以增加熔深和提高熔敷效率，但焊接过程稳定性差，飞溅较大，因此一般采用富氩的混合气体。窄间隙 GMAW 焊一般采用特殊设计的叶片式扁平焊枪，并配有加长的保护气喷嘴。窄间隙 GMAW 焊的主要问题是侧壁熔合。窄间隙焊侧壁熔合问题源于焊丝几乎与侧壁平行，电弧在焊丝端部和上一道焊缝金属之间形成，侧壁仅靠电弧的辐射热量，因此使得热输入过小，侧壁表面不能有效熔化。为了增加电弧对侧壁的加热作用，可以通过改变焊丝的角度，使电弧由原来的垂直向下而转为偏向侧壁以增加对侧壁表面的电弧加热。改变焊丝角度的方法如下：

（1）偏摆焊丝。周期性地偏摆送丝导管，使焊丝在间隙中向两侧侧壁周期性摆动，从而改变焊丝相对侧壁的角度（见图 2-44（a））。

（2）旋转焊丝。焊丝导管出口附近略作弯曲，使焊丝斜向送出，同时送丝导管沿其轴向以一定速度旋转，使得焊丝端部环形运动，从而周期性地改变焊丝相对侧壁的角度（见图 2-44（b））。

（3）波浪焊丝。利用滚压轮滚压焊丝使其波浪变形，波浪焊丝由导管送出后其端部将发生周期性的改变（见图 2-44（c））。

（4）斜出双丝。平行送进两根焊丝，并且焊丝出口略向外斜，使每根焊丝偏向一侧侧壁（见图 2-44（d））。

（5）麻花双丝。将两根焊丝绕制成麻花状，再由送丝导管送出，麻花状的焊丝端的角度随焊丝伸出而旋转变化（见图 2-44（e））。

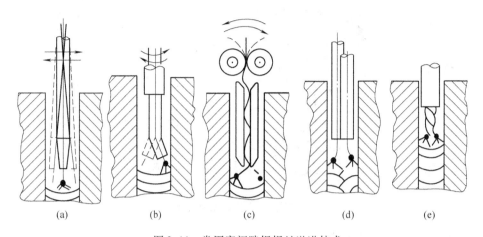

图 2-44　常用窄间隙焊焊丝送进技术

（a）偏摆焊丝；（b）旋转焊丝；（c）波浪焊丝；（d）斜出双丝；（e）麻花双丝

2.4.3.3　窄间隙 GTAW 焊

GTAW 焊弧长、电弧能量控制容易，易于实现窄间隙焊接过程及焊缝几何尺寸稳定性和可靠性。无熔滴过渡而致的无焊接飞溅，可以确保窄间隙焊枪的可靠移动，并节约了辅助清理时间。GTAW 电弧的大扩散角和径向能量梯度较小，电弧周边的能量密度相对较高，使得窄间隙焊接时，无需采用特别技术即可实现两侧壁熔合。GTAW 电弧极其优异的脉冲电流焊接特性，使得 NG-GTAW 焊接时可以十分容易地实现自由成型全位置焊接。

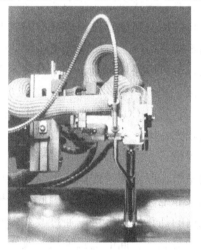

图 2-45　窄间隙 GTAW 焊
专用焊枪举例

GTAW 焊枪结构紧凑，能方便地用于窄间隙焊操作。焊枪设计需要满足气体保护和焊枪定位的要求。图 2-45 为一种窄间隙焊 GTAW 焊枪，保护气从电极四周的小孔中流出，可以形成充分的气体保护。

窄间隙 GTAW 的焊丝可以是冷丝也可以是热丝，采用热丝可以提高熔敷速度。按照焊接过程中钨极摆动窄间隙 GTAW 焊有不同的焊接方式，如图 2-46 所示。

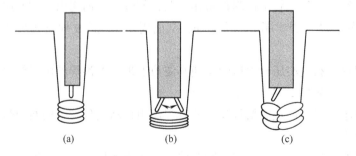

图 2-46　窄间隙 GTAW 焊焊接操作方式

（a）钨极不摆动；（b）钨极钟表摆动；（c）钨极脉动摆动

（1）钨极不摆动。这种焊接方法如图 2-46（a）所示，单根焊丝位置固定，形成叠串焊缝（stringer pass）。这种焊接方式具有高的焊接生产率，易于操作，侧壁熔合良好的优点；但是对坡口装配精度要求较高。

（2）钨极钟表摆动。焊接过程中钨极周期性地向两侧摆动（见图 2-46（b）），每层由一层焊道，焊道较宽的编织性焊道（wide weave pass）。这种焊接方式的优点是焊枪的可达性好，对坡口宽度适应性强。不足是生产效率较低，侧壁熔合略差。

（3）钨极脉动摆动。焊接过程中焊丝周期性向两侧侧壁摆动，每层由两个分离焊道（split pass）组成（见图 2-46（c））。这种焊接方式的优点是焊枪的可达性好，对坡口间隙的适应性强；缺点是生产效率低。

2.5　电子束焊

随着高能量密度加工方法的发展，电子束和激光束等被广泛应用于焊接加工领域。图 2-47 是各种焊接方法的能量密度对比图，可见在通常情况下，等离子束、电子束和激光束的能量密度都高于 $10^5 \mathrm{W/cm}^2$。

由于能量高度集中，焊接过程中熔池的形成与普通熔化焊明显不同。焊件局部被迅速加热到很高的温度，引起材料强烈蒸发，形成一定深度的孔洞，甚至穿透整个焊件厚度，孔洞四周存在一个液体金属熔池。随着热源的移动，孔洞前方受热成为新的孔洞，孔洞后方液体金属填满孔洞并逐渐凝固而形成焊缝，如图 2-48 所示。这种焊缝成型方式称为小孔焊、穿孔焊或深熔焊。小孔焊（深熔焊）是高能束焊接的重要特征，能量转换机制是通过"小孔"结构来完成的。小孔犹如一个黑体，几乎全部吸收入射光线的能量。孔腔外壁金属熔化，液体流动。表面张力、蒸汽压力等保持着小孔动态平衡。

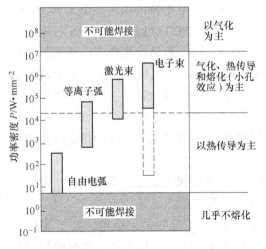

图 2-47　常用焊接热源的功率密度与焊接方式

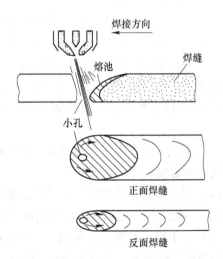

图 2-48　小孔焊示意图

用于焊接的高能束流可以为单一的电子束、激光束、等离子束，也可以是复合热源，如激光束＋电弧（GTAW、GMAW、Plasma）。

2.5.1　电子束焊概述

1948～1951 年人们发现电子束可用来加工材料（在金属上打孔），随后发现的小孔焊现象开启了电子束焊接的工业规模应用。美国在鹦鹉螺号潜艇的核反应器锆合金采用电子束焊方法得到熔深 5mm 的焊缝。20 世纪 60 年代电子束焊主要集中用于核工业和宇航工业，1969 年苏联宇航员在和平号太空站（MIR space station）利用手持电子枪进行焊接修复（见图 2-49），随后汽车制造业意识到电子束焊焊接变形小的优点，开始将其用于齿轮传动部件。电子束焊技术继而扩大到医疗器械、电子电器、机械、石油化工、造船等几乎所有的工业部门。

图 2-49　宇航员手持电子束焊枪在和平号太空站上进行焊接修复

2.5.1.1　电子束焊工作原理与设备

A　电子束焊的基本原理

电子束焊接（electronic beam welding，EBW）是一种利用电子束作为热源的焊接工艺。电子束发生器中的阴极加热到一定的温度时逸出电子，电子在高压电场中被加速，通过电磁透镜聚焦后，形成能量密集度极高的电子束，当电子束轰击焊接表面时，电子的动能大部分转变为热能，使焊接件结合处的金属熔融，当焊件移动时，在焊件结合处形成一条连续的焊缝。

焊接用电子束具有较高的能量，在电场和磁场的作用下，散射出的电子束在传导过程中被聚焦在焊件表面，焦点处的功率密度高达 $10^{10} \sim 10^{13} \mathrm{W/m^2}$，可以实现小孔焊接。

B　电子束焊设备

电子束的产生、加速和聚焦等都是在电子枪中实现的。电子枪的结构如图 2-50 所示，由加热灯丝、阴极、阳极、聚焦及偏转装置等组成。当阴极被灯丝加热到 2600K 时能发出大量的电子，这些电子在阴极与阳极间的高电压作用下，经电磁透镜聚焦成电子束，以极大的速度（可达 160000km/s）射向焊件表面，电子的动能转变成热能，能量密度是普通电弧的 5000 倍，能够使焊件金属迅速熔化甚至气化。电子束焊机的主要部件及其功能如下：

（1）阴极。通常由钨、钽以及六硼化镧等材料制成，在加热电源直接加热或间接加热下，其表面温度上升，发射电子。

（2）阳极。为了使阴极发射的自由电子定向运动，在阴极上加上一个负高压，阳极接地，阴、阳极之间形成的电位差加速电子定向运动，形成束流。

（3）聚束极（控制极、栅极）。只有阴、阳两极的电子枪叫做二极枪。为了能控制阴、阳两极间的电子，进而控制电子束流，在电子枪上又加上一个聚束极，也叫做控制极或栅极。具有阴极、阳极和聚束极的枪，称为三极枪。

（4）聚焦透镜。为了得到可用于焊接金属的电子束流，必须通过电磁透镜将其聚焦，聚焦线圈可以是一级，也可以是两级，经聚焦后的电子束流功率密度可达到 $10^7 \mathrm{W/cm^2}$ 以上。

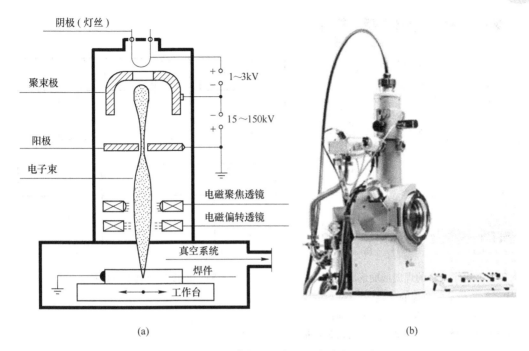

图 2-50　电子束焊机工作原理与实物照片

（a）工作原理示意；（b）焊机实物

（5）偏转系统。采用偏转系统对电子束进行偏摆，实现电子束的扫描功能，以满足不同焊接接头形式的需要。偏转系统由偏转线圈和函数发生器以及控制电路组成。

2.5.1.2　电子束焊的熔深

电子束撞击工件表面，电子的动能转变为热能，使金属迅速熔化和蒸发。在高压金属蒸气的作用下熔化的金属被排开，电子束就能继续撞击深处的固态金属，在被焊工件上形成小孔，小孔的周围被液态金属包围。随着电子束与工件的相对移动，液态金属沿小孔周围流向熔池后部，逐渐冷却、凝固形成了焊缝。

电子束的能量密度可以根据焊件的厚度调节。能量密度小时，电子束能量基本处于材料表面，焊接过程与一般电弧焊相似；当采用较大的电子束能量密度时，材料在瞬间熔化并蒸发，强烈的金属蒸气流可以将部分液体金属排出电子束作用区，形成深细的被液相围成的空腔。电子束深入空腔内部，聚焦于空腔底部固体金属，持续的气化作用使空腔深度不断增加，形成很深的焊接熔深，对于 200mm 以内的金属材料可以一次穿透。由于电子束的能量高、能量密度大，焊接速度快，因此形成深而窄的焊缝，如图 2-51 所示，比窄间隙焊焊缝的深宽比更大。电子束焊这种高穿透性焊接特性可以使原来的角焊接头实现非角接焊接，如图 2-52 所示。

电子束的穿透能力与电子束的能量大小有关（加速电压），另外还受环境真空度的影响。当环境的真空度较低时，意味着在电子束流的通道上存在较多的气体分子。高速运动的电子将与这些气体分子发生碰撞，电子将发生折射（见图 2-53），电子束的能量也因此降低。环境的真空度越低，这种电子束发生折射的程度就越大，能量密度降低也就越大。由于能量密度的降低，电子束在焊件上形成的熔深将减小（见图 2-54）。

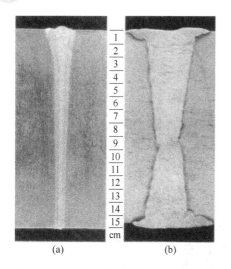

图 2-51　电子束焊的焊缝截面形状及其
与窄间隙焊的比较

（a）EBW：1 层，无填充，耗时 8.3min；

（b）NG-GMAW：157 层，焊丝 32kg/m，耗时 314min

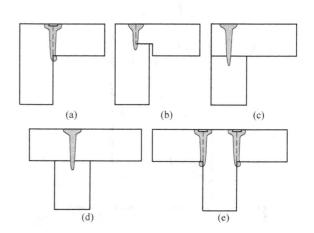

图 2-52　角接头的电子束焊接头形式

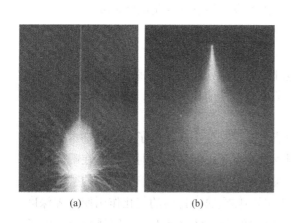

图 2-53　电子束在真空和
大气中的形态

（a）真空中；（b）大气中

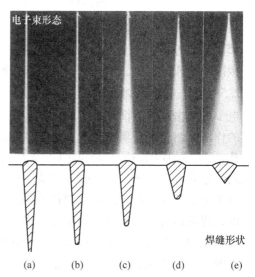

图 2-54　真空度对电子束形态及其形成焊缝的影响

（a）1.33×10^{-2}Pa；（b）1.33×10^{-1}Pa；

（c）13.3Pa；（d）26.6Pa；（e）40Pa

2.5.1.3　电子束焊的分类及特点

电子束焊接通常在真空室内进行的。真空环境可以防止电子和气体原子发生碰撞而衰减能量，也可以防止电子枪和焊接区域被空气污染。

真空电子束焊的主要优点在于其能提供清洁、惰性的环境，这有益于实现稳定的高质量焊缝。但是，每次焊接前都需要花费大量的时间抽真空，真空度越高则花费的时间就越长。为了降低整个真空室内的真空度，很多电子束焊设备对电子枪区域和焊接区域采用了不同的真空标准，如电子枪附近的真空度要求为 $5 \times 10^{-2} Pa$，而焊接区的真空度则降低到 5Pa。另外，真空电子束焊全过程都是在真空室中完成的，要求焊接装配和定位具有较高的精度、清洁度和较低的蒸汽压。

电子束焊的分类方法很多。按电子束加速电压的高低可分为高压电子束焊（120kV 以上）、中压电子束焊（60～100kV）和低压电子束焊（40kV 以下）三类。按被焊工件所处环境的真空度可分为高真空电子束焊、局部真空电子束焊和非真空电子束焊（10^{-4} ～ 10^{-1} Pa）。表 2-6 为不同真空度电子束焊方法的技术特点和应用范围。

表 2-6 不同真空度电子束焊的技术特点

类 型	真空度/Pa	技 术 特 点	适 用 范 围
高真空电子束焊	10^{-4} ～ 10^{-1}	加速电压为 15～175kV，最大工作距离可达 1000mm。电子束功率密度高，焦点尺寸小，焊缝深宽比大、质量高。可防止熔化金属氧化，但真空系统较复杂，抽真空时间长（几十分钟），生产率低，焊件尺寸受真空室限制	适用于活性金属、难熔金属、高纯度金属和异种金属的焊接，以及质量要求高的工件的焊接
低真空电子束焊	10 ～ 10^{-1}	加速电压为 40～150kV，最大工作距离小于 700mm。不需要扩散泵，焦点尺寸小，抽真空时间短（几分钟到十几分钟），生产率较高；可用局部真空室满足大型件的焊接，工艺和设备得到简化	适用于大批量生产，如电子元件、精密仪器零件、轴承内外圈、汽轮机隔板、变速箱、组合齿轮等的焊接
非真空电子束焊	大气压	不需真空工作室，焊接在正常大气压下进行，加速电压为 150～200kV，最大工作距离为 30mm 左右。可焊接大尺寸工件，生产效率高、成本低。但功率密度较低，散射严重，焊缝深宽比小（最大 5:1），某些材料需用惰性气体保护	适用于大型工件的焊接，如大型容器、导弹壳体、锅炉热交换器等，但一次焊透深度不超过 30mm
局部真空	根据要求确定	用于移动式真空室，或在工件焊接部位制造局部真空进行焊接	适用于大型工件的焊接

2.5.2 低真空电子束焊

很多工业应用需要熔深超过 50mm，这些结构最好在半真空下焊接，例如大尺寸大厚度的罐类或管道（见图 2-55）。在一个空间内制造真空度和气氛可控，研究表明电子束在

(a)   (b)

图 2-55 铜储罐盖体焊接构件与焊缝截面
（a）铜储罐焊接构件；（b）焊缝截面

$10 \sim 10^{5}Pa$ 适合传导，在 $0.1kPa$ 真空度下，电子束能够保证在工作距离内接近平行，如图 2-56（a）所示，这种电子束可以获得良好的焊接效果。单道电子束的熔深可以容易达到 150mm，见图 2-56（b）。

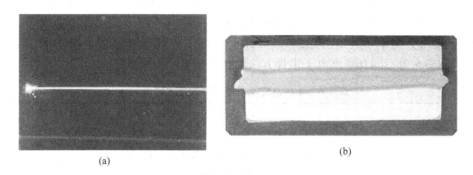

（a）　　　　　　　　　　　（b）

图 2-56　低真空环境电子束的传导与焊接熔深

（a）500Pa 氩气中传导的电子束（200kV，60kW）；

（b）厚度 150mm C-Mn 钢板的电子束焊缝（100Pa，200kV，100mm/min）

低真空腔内电子束焊（in-chamber reduced pressure gun column），采用一个真空室，该真空室可以建的很长以满足焊接构件的要求，电子束焊枪安装在可以沿真空室长度方向移动的横梁上，如图 2-57 所示。真空室的 0.5Pa 的真空度由机械泵和扩散泵实现。

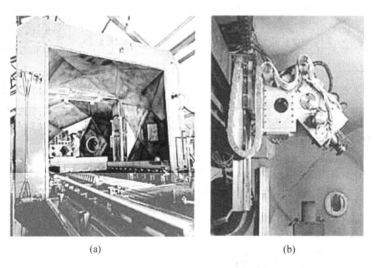

（a）　　　　　　　　　　　（b）

图 2-57　英国焊接研究所建造的 $150m^3$ 的真空室和室内的电子焊枪

（a）$150m^3$ 真空室；（b）电子焊枪

2.5.3　非真空电子束焊

非真空电子束焊最初于 1953 年提出。1954 年在德国进行了演示试验。在 60 年代，美国就将非真空电子束焊引入了批量汽车零件的生产中。近几年欧洲汽车制造商也开始采用该项技术，该技术能够解决真空电子束焊生产率较低和工件尺寸受真空室限制的缺陷，在工业生产中表现出了极大的优势。

2.5.3.1 非真空电子束焊的装置

非真空电子束焊最初被称作常压电子束焊接（atmosphere electron beam，AEB）和真空外工件电子束焊接（welding process out of vacuum，WPOV），焊接时使真空条件下产生的高能电子流在常压环境下轰击固定焊件。非真空电子束焊主要采用一个多级抽真空系统，在高真空条件下产生电子束并将它传送到大气中，如图 2-58 所示。

（1）一个高真空三极电子枪产生高能量电子束；

（2）三级螺旋真空泵给电子束提供一个分级的真空-大气传输路径；

（3）电磁聚焦和修正线圈沿着电子束传送路径分布，能够确保电子束从高真空到常压过程中完全穿过这些孔口；

（4）等离子弧窗安置在真空系统与气体环境之间，用以隔离大气与真空环境。

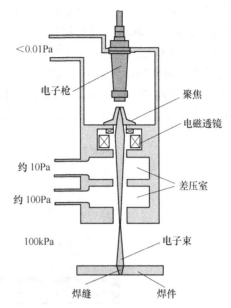

图 2-58 非真空电子束焊
工作原理示意图

2.5.3.2 非真空电子束焊工艺参数

在大气条件下，电子束会快速发散，需要限制电子枪到焊件的工作距离，一般控制在 $20 \sim 50\,mm$。此外，电子功率越大电子束发散越严重，因电子发散而能量消耗量越多，因此，非真空电子束焊接的电子束能量通常不高于 $250 \sim 270\,keV$。

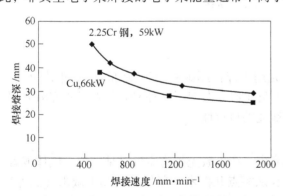

图 2-59 非真空电子束焊接钢和
铜的熔深与焊接速度的关系

非真空电子束焊的焊接熔深主要取决于电子束的功率和焊接速度（焊接线能量），同时还与焊件材质有关，例如，同样焊接线能量的电子束在铜上的焊接熔深明显低于其在钢上的焊接熔深（见图 2-59），焊缝的深宽比约为 5:1。

尽管非真空电子束焊接能够达到的最大熔深和深宽比远远低于真空焊接的标准，然而电子枪产生的电子束能量的 90% 以上被传送到大气常压下。一个非真空电子束焊系统的整个能量转换效率通常大于 60%，这个值等于或大于大多数传统焊接方法的效率。并且这种工艺直接在常压下运用电子束，而不是像真空电子束工艺那样需要将工件放置在真空环境中。非真空电子束焊的焊接加工灵活性高，适用于大批量生产，以及大型和三维形状工件的焊接应用场合。

2.5.3.3　脉冲非真空电子束焊

电子束在几千帕的低真空环境下的散射现象不很明显，但当气压升高到接近大气压时则散射非常严重。对于常规的非真空电子束焊（NVEB）设备（加速电压为175kV），工作距离仅为5～20mm。增加加速电压可以减小散射程度和增加工作距离，因此研制了300kV电子束焊设备。电子枪设备因而变得庞大笨重，不便于安装到焊接机器人上。不增加设备功率而增加非真空电子束焊熔深的一个途径是采用脉冲电子束（pulsed non-vacuum EBW）。采用高功率峰值可以比具有相同平均功率电子束更大的熔深，并且改变焊缝截面形状，焊缝几乎是平行的，端部圆滑，如图2-60所示。

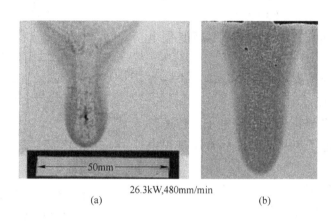

26.3kW,480mm/min

(a)   (b)

图2-60　非真空电子束焊低碳钢的焊缝截面
（a）无脉冲NVEB；（b）脉冲NVEB

2.6　激　光　焊

2.6.1　激光焊概述

激光发明不久就应用到了焊接领域。激光用于焊接厚钢板始于20世纪70年代早期，那时实验室中已能制备功率超过10kW的CO_2激光器。人们用这种CO_2激光器研究激光焊接在钢结构制造、造船、管道、核工业和宇航业的可行性。

2.6.1.1　焊接激光

激光是一种波长固定、能量高度集中的光束。产生激光的物质可以是气体、液体或者固体，选用不同的激光工作介质可以获得波长从零点几微米（紫外）到几十微米（红外）的激光光束，目前，短波激光主要用于材料微加工，长波激光可以用于金属材料焊接、切割等机械加工，如图2-61所示。

目前用于焊接加工的激光主要是CO_2激光和Nb:YAG激光，圆盘激光和光纤激光因其输出功率大、激光光束品质好而成为后起之秀。几种典型焊接激光的特性见表2-7。

2.6.1.2　焊接激光系统

激光焊接系统典型配置包括激光束发生器、传送激光的光路、聚焦装置，以及固定和运动焊件的工作台等，如图2-62所示。

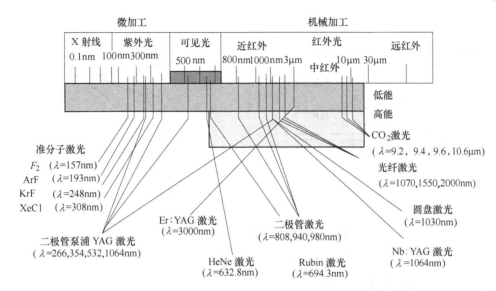

图 2-61　激光光谱及其加工性

表 2-7　焊接激光的特性

	CO₂	Nd：YAG		圆盘	光纤	二极管 光纤耦合
		灯浦	二极管浦			
激光介质	混合气体	晶棒	晶棒	晶体	掺杂光纤	半导体
波长/μm	10.6	1.06	1.06	1.03	1.07	0.81～0.98
功率系数/%	10-15	1-3	10-30	10-20	20-30	35-55
最大输出功率/kW	20	6	6	8	50	8
BPP（mm rad at 4kW）	4	25	12	2	0.35	44
M²（μm at 40kW）	1.2	75	35	6	1.1	150
光纤传导	不可	可	可	可	可	可

激光束经透射或反射镜聚焦后可获得直径小于 $0.1\sim1$mm、功率密度高达 10^6 W/mm² 激光斑点，这种高温激光斑点可用作焊接、切割及材料表面处理的热源。激光焊接装置原理见图 2-63。CO_2 激光不能用光纤传输，依靠平面反光镜改变光传播方向，而最终达到焊接工位，最后通过聚焦透镜投射在焊件上（见图 2-63（a））。安放焊件的工作台可以进行平面移动或转动以实现焊缝焊接。YAG 激光采用光纤传输到焊接工位，利用计算机控制的 X、Y 转向系统实现激光束在焊件表面的移动（见图 2-63（b））。

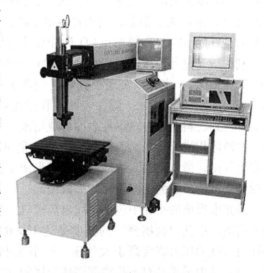

图 2-62　激光焊接系统举例

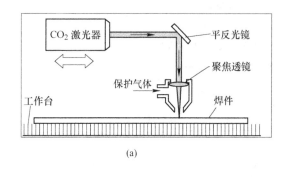

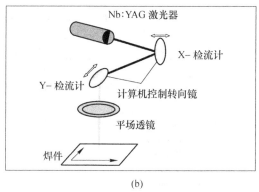

图 2-63　两种激光焊接系统示意图

(a) CO_2 激光焊接系统；(b) Nb:YAG 激光焊接系统

2.6.1.3　激光焊的技术特征

A　焊接模式

入射到焊件表面上的激光一部分被焊件表面吸收，另外一部分被焊件表面反射。被焊件表面吸收的激光其能量转化为热量用于焊接，而反射部分没有被利用。普通金属材料对激光的吸收率在 10% 以下，铜及铜合金的吸收率只有约 2%，激光的能量都因焊件材料表面反射而损失掉。材料对激光的反射率随温度升高而降低，通过其他热源加热焊件可以提高激光能量利用率（见激光与电弧复合热源一节）。图 2-64 给出了不同材

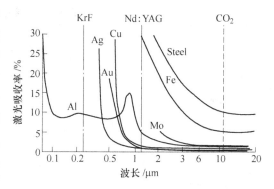

图 2-64　典型材料对激光的吸收率

料对不同频率光波的吸收率。一般地，金属材料对紫外光波（UV）的吸收高于其对红外光波（IR）的吸收。但是，钢铁材料则不同，对红外光谱有更大的吸收系数。因此钢铁材料具有良好的 Nb:YAG 激光和 CO_2 激光焊接可焊性。

利用激光进行焊接既可以实现热导焊（熔深由热传导控制，其熔池形成机制与普通 GTAW 焊相似），也可以实现小孔焊（熔深由小孔深度控制），以及介于两者之间的过渡小孔焊，如图 2-65 所示。焊件表面吸收激光后发生能量转换，激光束斑点下的材料温度升高，达到材料熔点时在焊件表面形成熔池，并且熔池中液体金属的对流运动促进热量传递，熔池体积进一步扩大。当激光束的能量足够高（$1MW/cm^2$）时熔池中的部分液体金属发生气化，激光束潜入熔池底部从而形成小孔，激光束斑点在小孔底部的激光吸收率大大提高，可以形成大的深宽比焊缝成型。

激光束形成的小孔中包括金属电离蒸气（等离子体/烟尘），这些气体物质包裹在液体熔池周围，小孔内金属蒸气的温度高达 15000 ~ 20000K。为了保持焊接小孔呈开口状态，小孔内气氛的压力需要高于大气压。从小孔中冲出的金属蒸气将吸收一定数量的激光能力，因而减少了激光对小孔底部固体金属的加热，如图 2-66 所示。

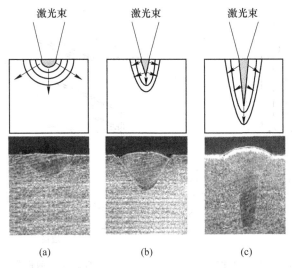

图 2-65 激光焊接三种模式下的焊缝示意图
(a) 热导焊; (b) 过渡小孔焊; (c) 小孔焊

热导焊和小孔焊模式也可以在同一焊接过程中相互转换, 例如, 脉冲激光焊时, 峰值激光能量密度和激光脉冲持续时间足够时。激光脉冲能量密度的时间依赖性能够使激光焊接在激光与材料相互作用期间由一种焊接方式向另一种方式转变, 即在相互作用过程中焊缝可以先在热导方式下形成, 然后再转变为小孔模式。

B 焊接保护气

激光焊接中一般要使用保护气体防止焊接区域高温的液态或凝固金属发生氧化。由于激

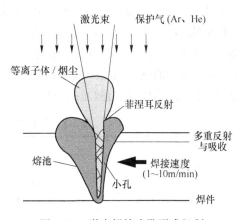

图 2-66 激光焊接小孔形成机制

光焊接时的焊接速度较大, 经常需要在激光头上固定一个采用延长的气体保护装置, 如图 2-67 所示, 此外还需要提供背面的保护气以保护背面并保证焊缝背面成型。激光焊接中常用的保护气为氦气或者氩气。前者的电离势较高, 不易形成对激光有害的等离子体; 后者的密度较大保护效果更好。使用氩气保护时有时需要采取措施, 如喷射氦气, 以抑制氩气的电离。

C 接头形式和精度

常见的焊接接头形式, 如对接、搭接、边接和 T 型接头, 都可以采用激光焊接。激光束聚焦斑点很小, 对焊接接头的装配精度要求严格 (装配裕度小), 因此, 薄板焊接时可以采用搭接、边接或褶接等形式 (见图 2-68)。焊接过程中对激光器、焊接工位和定位装置等焊接设施的运动精度也要严格控制。

此外, 焊接过程中有大量的激光被焊件表面反射, 这些杂散激光对人体, 特别是眼睛, 会造成伤害, 必须采取佩戴眼罩等防护措施。

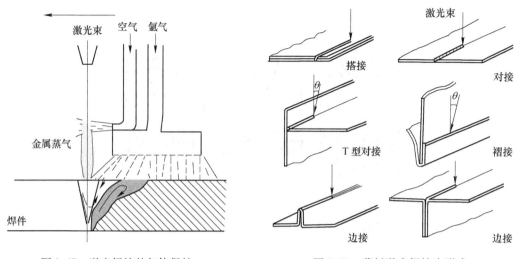

图 2-67　激光焊接的气体保护　　　　　图 2-68　薄板激光焊接头形式

2.6.1.4　激光焊接的应用举例

激光的发明可以追溯到 20 世纪 70 年代，但是激光焊技术却是方兴未艾。近年来激光焊接的应用迅速增加，归因于激光的很多优良特性，如效率高、激光焊接质量好、生产效率高、成本相对较低。激光焊适用性广泛，既可以焊接微小的电子器件，也可以焊接一定厚度（25mm）的钢铁结构。应用领域几乎涉及所有工业领域，见表 2-8。下面以汽车制造和电子制造为例简要介绍激光的应用。

表 2-8　激光焊接的应用领域及应用举例

应用领域	应用实例
航空	发动机壳体、机翼隔架等
电子仪表	集成电路内引线、显像管电子枪、电容器、仪表游丝等
机械	精密弹簧、薄壁波纹管、热电偶、阀体等
钢铁冶金	硅钢片、异种材料拼焊等
汽车	汽车底架、传动装置、齿轮等
医疗	心脏起搏器等
食品	食品罐等
其他	换热器、电池外壳等

A　汽车工业中的应用

20 世纪 80 年代后期，千瓦级激光成功应用于工业生产，而今激光焊接生产线已大规模出现在汽车制造业，成为汽车制造业突出的成就之一。德国奥迪、奔驰、大众、瑞典的沃尔沃等欧洲的汽车制造厂早在 20 世纪 80 年代就率先采用激光焊接车顶、车身、侧框等钣金焊接（见图 2-69），90 年代美国通用、福特和克莱斯勒公司竞相将激光焊接引入汽车制造，尽管起步较晚，但发展很快。意大利菲亚特在大多数钢板组件的焊接装配中采用了激光焊接，日本的日产、本田和丰田汽车公司在制造车身覆盖件中都使用了激光焊接和切割工艺，高强钢激光焊接装配件因其性能优良在汽车车身制造中使用得越来越多。激光拼焊（Tailored bland laser welding，TBLW）技术在国外轿车制造中得到广泛的应用，车身侧围板采用激光拼焊，无需加强板，零部件的数量和重量均显著减少（见图2-70）。根据汽车工业批量大、自动化程度高的特点，激光焊接设备向大功率、多路式方向发展。

B　电子工业中的应用

激光焊接在电子工业中，特别是微电子工业中得到了广泛的应用。由于激光焊接热影响区小、加热集中迅速、热应力低，因而正在集成电路和半导体器件壳体的封装中显示出独特的优越性。例如传感器或温控器中的弹性薄壁波纹片，其厚度在0.05~0.1mm，传统焊接方法难以解决，

图2-69　Volvo汽车车身的激光焊接

采用激光焊接则容易得多，而且质量高。图2-71为采用激光焊接制造的一些电子元器件。

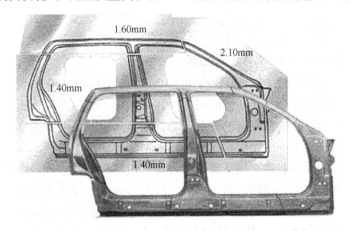

图2-70　激光拼焊制备汽车车身侧围板

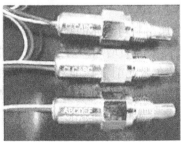

图2-71　激光焊接制造的一些电子元器件

2.6.1.5 激光焊进展

与传统的电弧焊相比，激光焊具有独特的优势，如高能量密度，焊接热影响区窄、焊接热输入小等。然而激光焊接也存在不足，例如金属材料对激光的吸收率低、焊件装配质量要求高、填充金属困难，以及厚大结构焊接激光器系统非常贵重，因为不仅需要高功率激光，而且对激光束的品质要求很高。为了充分发挥激光焊和电弧焊各自的优势，以激光为中心的复合热源焊接技术获得了发展。激光-电弧复合热源焊接技术，有时也称电弧辅助激光焊接技术，主要目的是有效地利用电弧热源，以减小激光的应用成本、降低激光焊接的装配精度。

按照与之复合的热源种类不同，复合激光焊一般分为：复合激光-GTA 焊、复合激光-GMA 焊和复合激光-等离子弧焊。GTAW 采用氩气或氦气；GMAW 可以是 MIG 也可以是 MAG。所采用的激光可以是 CO_2 激光、Nb:YAG 激光或光纤激光。前两者技术成熟，并广泛应用，光纤激光仍处于技术发展中，但由于其良好的激光品质，被认为是未来复合激光焊的主要热源。

2.6.2 复合激光-电弧焊

2.6.2.1 复合激光-电弧焊的发展过程

激光-电弧复合焊接技术的发展可以分成三个阶段。20 世纪 70 年代斯蒂恩（Steen）首次提出复合激光焊接的概念。在他们的研究中，采用了 CO_2 激光与钨极氩弧用于焊接与切割的试验。结果显示激光电弧复合的一些优势，如激光辐照下电弧更加稳定、金属薄板焊接时速度显著提高、与单一激光焊相比熔深显著增加等。日本继续了这种技术，研制了多种复合方法及相应的焊接装置，用于材料的焊接、切割和表面处理。然而这些努力并没有能够将这种新技术推向工程应用，其中部分原因是当时激光焊成本较高。第二个阶段是复合激光-电弧焊技术发展阶段，将激光诱导电弧行为应用于改进电弧焊工艺，导致了激光增强电弧焊接技术的发明。该技术特征是电弧焊时增加一个比电弧能量小的激光束。100W 大小的 CO_2 激光束就可以满足电弧燃弧、稳弧、改善焊缝质量和提高焊接速度的需要，原因是减小了电弧尺寸、提高电弧电流密度。然而这种新技术研究不够彻底，也没能达到应用水平。第三阶段始于 90 年代初期，其标志是采用高能激光作为主要焊接热源、而附加的电弧作为次要热源。那时连续波 CO_2 激光焊接工艺已经工业应用，但也发现存在一些问题，如焊前装配精度要求高、快冷导致某些材料焊缝气孔和裂纹，激光焊接成本偏高，以及难以焊接厚板等。这些技术需求促进了复合激光焊接的发展。

2.6.2.2 激光与电弧的相互作用

（1）电弧预热材料，提高激光吸收率。金属材料对激光的吸收率与材料本身的温度有很大的关系，一定条件下这种吸收率随着温度的升高而增加，对于激光的能量利用率也就越高。通常情况下的复合焊接都是将电弧安置在激光前面，能对金属预热或使其表面熔化，并提高材料表面温度，从而进一步提高材料吸收激光的能力，减少对激光的反射。尤其是铝、镁等对激光反射性很强的材料，采取复合焊接的电弧能量预加热金属表面，降低材料的反射率，保证焊接顺利进行。

（2）电弧对激光焊接桥接性能的提高。通常激光焊接时如果焊缝间隙超过 0.1mm 将会导致激光能量损耗严重无法进行焊接。然而电弧的加入，使得焊接作用的区域面积加大，同时填丝技术可以增加焊接熔池里的金属，极大程度地降低从间隙漏过的激光，减少激光能量损耗，增强焊接桥接性能。这也是激光电弧复合焊接的一个相当重要的优势，它对焊接工件安装的精度要求起到明显的降低作用，提高生产效率的同时降低了成本。

（3）激光对电弧的稳定作用及对电弧焊接速度的提高。电弧在焊接速度较高时稳定性会下降，原因是焊件与钨极之间的等离子体的浓度较低，无法维持电弧的稳定燃烧。激光的介入使得焊件表面的等离子体浓度大大增加，起到了稳弧作用。激光电弧复合后，激光使电弧的稳定性增加，而电弧则使材料对激光的吸收能力有了很大提高，这样，焊接总的输入能量提高使得最终获得的焊缝质量和焊接速度都有了明显提高。单独采用 GTAW 时，焊接电弧有时不稳定，特别是在小电流情况下，当焊接速度提高到一定值时会引起电弧飘移，使焊接过程无法进行；而采用激光-电弧复合焊接技术时，激光产生的等离子体有助于稳定电弧。

（4）电弧对激光焊接等离子体的稀释作用。激光的能量密度很高，在焊件中会产生小孔效应，小孔中的金属蒸气被电离后形成大量的等离子体与金属烟尘（见图 2-72），而如果这些等离子体浓度过大则会对激光产生很强的屏蔽作用。激光所致的等离子体是高温高密度小范围的，而电弧产生的等离子体则是低温低密度大范围的。电弧的加入，会对激光致使的等离子体形成一个通道，对这些等离子体起到了稀释作用，从而降低等离子体对激光的屏蔽。

（5）激光对电弧的收缩和引导作用。单一的电弧有很大的弧柱面积，致使能量很分散，焊接所得的熔深较浅。而复合焊接中激光致等离子体能够引导电弧的弧柱，使能量密度增大。

基于以上激光与电弧的相互作用，复合激光-GTA 焊相比单一激光焊可以获得更大的熔深，如图 2-73 所示。

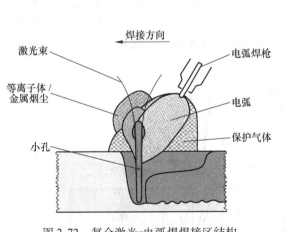

图 2-72　复合激光-电弧焊焊接区结构　　　　图 2-73　复合激光-GTA 焊的熔深

2.6.2.3　激光-GTAW 焊接工艺

A　激光-GTAW 复合方式

激光与 GTAW 的复合有两种方式，非共同熔池复合与共同熔池复合。前者沿焊接方向，激光与电弧间距较大，前后串联排布，两者作为独立的热源作用于工件，主要是利用电弧热源对焊缝金属进行预热或后热，达到提高激光吸收率、改善焊缝组织性能的目的；后者激光与电弧共同作用于熔池，焊接过程中，激光与电弧之间存在相互作用和能量的耦合。实际应用多采用后者。按照激光束与电弧的空间分布，共同熔池复合又分为同轴复合和旁轴复合。

（1）激光-GTAW同轴复合焊。即激光与电弧同轴作用在工件的同一位置，即激光穿过电弧中心或电弧穿过环状光束或多光束到达工件表面，图2-74所示为采用环状钨极的同轴复合原理与焊头。

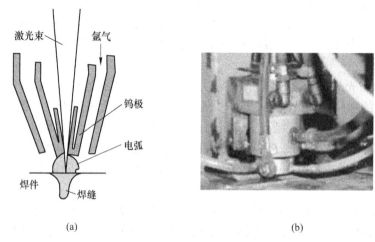

(a)   (b)

图2-74   激光-GTAW同轴复合示意图与装置照片
（a）同轴复合示意图；（b）焊头装置实物

（2）旁轴复合。在复合焊技术中，激光与电弧的位置应能发挥各自的作用，平行安置时，需要调整在水平和垂直方向的间距，作为次要热源的电弧可以在主要热源的前方也可以安置在后方（见图2-75），只要能发挥对焊件待焊部位的预热作用即可。另外，电弧还充当焊后缓冷处理的作用，以预防焊接缺陷和改善焊缝组织。实际应用中电弧前置较多。

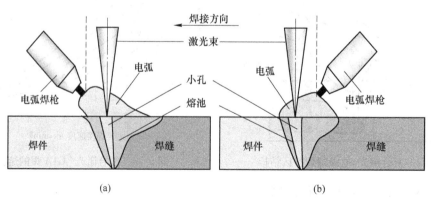

(a)   (b)

图2-75   激光-GTAW旁轴复合示意图
（a）电弧前置；（b）电弧后置

B　激光与 GTAW 电弧的相互作用

与激光焊接一样，无论是同轴复合，还是旁轴复合，激光-GTAW 电弧复合焊接也存在深熔焊和热导焊两种焊接机制。

电弧电流小时，激光的匙孔效应，使电弧被稳定地吸引在匙孔上方，弧根被显著压缩，使电弧电流密度显著提高，有效提高热源的能量效率，表现为深熔焊特征。当电流大时，电弧吸收和折射损耗增大，激光难以维持稳定的匙孔，无法实现对电弧的吸引与压缩，同时电弧在吸收激光能量后膨胀，电流密度迅速降低，焊缝熔深大大减小，表现为热导焊特征。

激光穿过电弧能量衰减不仅与焊接电流有关，还与激光入射电弧的位置有关。越靠近电弧中心，电弧对激光能量的影响越大，激光峰值能量密度衰减非常严重，当激光从电弧边缘位置穿过时，峰值能量密度的衰减率仅为从电弧中心区穿过时的 1/4 或 1/5 左右。

2.6.2.4　激光-GMAW 焊接工艺

激光-GMAW 复合热源焊接是目前应用最为广泛的一种复合热源焊接方法，在汽车工业、造船等领域都有应用。

（1）焊接装置。激光-GMAW 复合只能旁轴复合。激光与电弧作用于共同熔池，如图 2-76 所示。激光束的轴线垂直焊件表面，GMAW 焊枪轴线与激光束轴线的角度为 40°~60°。

（2）激光-GMAW 焊接工艺特点。一方面，GMAW 电弧的预热作用提高了焊件对激光的吸收率；另一方面，激光束产生的金属等离子体提高了电弧的稳定性，并使得熔滴过渡更加平稳，如图 2-77 所示。

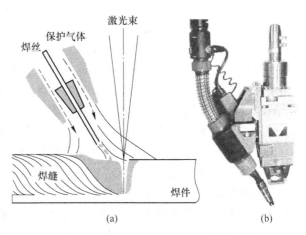

图 2-76　激光-GMAW 电弧复合示意图
（a）复合示意图；（b）复合焊头实物

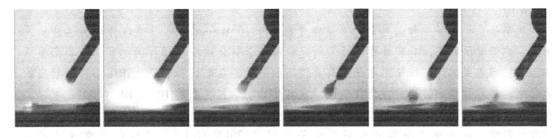

图 2-77　复合激光-GMAW 焊接过程中的熔滴过渡形态

复合激光-GMAW 利用 GMAW 焊接填丝的优点，在提高焊接熔深、增加适应性的同时，还可以改善焊缝冶金性能和微观组织结构。与复合激光-GTAW 相比，复合激光-GMAW 可焊接的板厚更大、焊接适应性更强。特别是由于 GMAW 电弧具有方向性强以及阴极雾化等一些特殊优势，适合于大厚板以及铝合金等难焊金属的焊接。

【知识点小结】

电弧焊分为气体保护电弧焊、熔渣保护电弧焊和气体-熔渣联合保护电弧焊；根据焊接过程中电极是否发生熔化填充，电弧焊分为非熔化极电弧焊和熔化极电弧焊。

GTAW 焊电弧稳定，焊缝成型好，焊缝金属质量高，几乎可以焊接所有金属；GTAW 焊熔深浅，生产效率低，一般用于薄板焊接或者厚板打底焊。活性焊剂钨极氩弧焊是在焊件表面预先涂敷一层焊剂，通过电弧收缩机制和（或）表面张力机制而增加焊接熔深，可以进行高速低热量输入焊接，适合于薄壁小直径管-管、管-板焊接。

气体保护熔化极电弧焊，简称气电焊，是使用连续送进的焊丝作为一个电极、使用活性气体、惰性气体以及混合气体作为保护气体的一类电弧焊工艺。气电焊分为惰性气体保护电弧焊（简称 MIG 焊）、半惰性气体保护焊（简称 MAG 焊）和 CO_2 气体保护电弧焊（简称 CO_2 焊）。MIG 焊几乎可以用于所有金属材料的焊接。CO_2 焊配合专用钢焊丝用于钢铁材料焊接。气电焊的熔滴过渡的形式分为短路过渡、粗滴过渡、射滴过渡几种，取决于焊接电弧体系（焊丝材料和保护气体）和焊接工艺参数。通过送丝速度控制气电焊的短路过渡过程产生了新的熔滴过渡形式，浸渡（tip-transfer）及新的气电焊工艺，冷金属过渡焊工艺 CMT，用于薄板、超薄板、镀层板以及小缺陷修复等要求小热输入的场合。

焊条电弧焊又称手工电弧焊，或手弧焊，是依靠焊条药皮产生的气体和熔渣对焊接高温区域提供保护作用。手弧焊使用灵活，可用于各种钢铁材料和一些有色金属的焊接，缺点是需要频繁更换焊条，生产效率低，劳动强度大。药芯焊丝的外表面是导电的金属，可以实现连续送丝，焊接生产效率得以提高。药芯焊丝分为自保护焊和气保护焊两种类型。自保护焊药芯焊丝主要通过药芯中的造气、造渣和合金元素脱氧脱氮进行保护。

埋弧焊是一种电弧在焊剂下燃烧的高效焊接方法，比手弧焊焊接生产效率提高 5～10 倍，常用来焊接长的直线焊缝，或者较大直径的环形焊缝。主要用于普通碳钢和低合金钢的厚大结构焊接，大厚度板焊接通常需要开 V 形或 U 形坡口，采用多道次埋弧焊填满坡口。窄间隙埋弧焊采用几乎平行窄小间隙，使得厚度 350mm 以下的厚板焊接一次完成，窄间隙焊接接头的焊接变形更小，力学性能更好。窄间隙焊接是指在小根部开口、小坡口角度（2°～20°）的 U 形或 V 形坡口内填充金属的多层焊技术，目前用于窄间隙焊的方法包括窄间隙埋弧焊（NG-SAW）、窄间隙气电焊（NG-GMAW）和窄间隙钨极氩弧焊（NG-GTAW）。

等离子束、电子束和激光束的能量密度都高于 $10^5\,W/cm^2$，可以使焊件局部迅速蒸发形成一定深度的孔洞，孔腔外壁吸收入射光线的能量转化成加热焊件的热量，这类焊接方法为小孔焊或深熔焊。焊接用电子束具有较高的能量，在电场和磁场的作用下，散射出的电子束在传导过程中被聚焦在焊件表面，焦点处的功率密度高达 $10^{10}\sim10^{13}\,W/m^2$，可以实现小孔焊接。电子束的穿透能力与电子束的能量大小有关（加速电压），另外还受环境真空度的影响。由此电子束焊分为高压电子束焊（120kV 以上）、中压电子束焊（60～100kV）、低压电子束焊（40kV 以下）；高真空电子束焊、局部真空电子束焊和非真空电子束焊（$10^{-4}\sim10^{-1}\,Pa$）。

目前用于焊接加工的激光主要是 CO_2 激光和 Nb:YAG 激光，圆盘激光和光纤激光因其输出功率大、激光光束品质好而成为后起之秀。普通金属材料对激光的吸收率在 10% 以下，铜及铜合金的吸收率只有约 2%，激光的能量都因焊件材料表面反射而损失掉。材料对激光的反射率随温度升高而降低，通过其他热源加热焊件可以提高激光能量利用率。激光-电弧复合热源提高材料吸收激光的能力，减少对激光的反射，尤其是铝、镁等对激光反射性很强的材料。激光-GTAW复合有非共同熔池复合与共同熔池复合两种方式。

复习思考题

2-1 焊接电流和焊接电压对电弧焊各有哪些影响？

2-2 为什么电弧正接比负接产生的热量更多？焊铝合金时为什么常采用反接法？

2-3 药芯焊丝自保护焊的优点和缺点有哪些？

2-4 手工电弧焊的过程中焊条会变短，焊条变短后会不会因电阻减小而引起电流的变化？

2-5 自保护药芯焊丝有哪几种保护机理？

2-6 提高接头性能除了降低有害元素的含量外，还有改善生成杂质的存在形式，怎样才能保证药芯焊丝自保护焊过程中生成的杂质处于弥散状态？

2-7 如何设计药芯焊丝的截面形状，使得药芯与焊丝的熔化速度能够更加匹配？

2-8 GTAW焊接时，可以不加填充焊丝，使被焊母材直接加热熔化再焊接起来，但是也可以加入填充焊丝，一般是在什么情况下加填充焊？加入的填充焊丝作用有哪些？与直接加热被焊母材熔化焊接有什么区别？

2-9 熔池液体的表面张力因素是如何影响焊接熔深的？活性剂元素是如何改变液态金属表面张力系数的？

2-10 A-GTAW活性剂中的物质是否会在焊接过程中进入焊缝？是否会对焊缝性能造成影响？

2-11 A-GTAW焊接能否使用填丝或填充材料？

2-12 SAW焊剂与A-GTAW焊剂在物质组成和功能上有什么异同？

2-13 活性焊剂涂在待焊金属表面对金属焊缝的成分有何影响？

2-14 冷金属过渡控制是如何实现的？熔滴过渡瞬时过程的实时控制是完全自动的吗？

2-15 举例说明冷金属过渡电弧焊的应用？

2-16 什么是窄间隙焊接？其特点是什么？

2-17 采用混合保护气体减少短路过渡焊接飞溅的原理是什么？

2-18 当离焦量相同时，两种离焦方式产生的热输入以及熔深是否相同？两种离焦方式分别应用于什么情况？

2-19 试述小孔法（深熔深）焊接工艺的原理和特点。

2-20 在激光-电弧复合焊里，旁轴复合和同轴复合各有何特点？

3 压焊连接技术

古代锻焊是一种压焊技术。现代焊接与连接技术中有相当数量是采用与锻焊相似的非熔化过程实现的。在低于焊件材料熔点以下温度进行的焊接技术，其共同点是都采用了压力。根据压力提供方式、压力大小以及作用时间等特征，压焊可以分为电阻焊、摩擦焊、爆炸焊、热压焊（扩散焊）、冷压焊等不同类型。

3.1 电 阻 焊

电阻焊是利用电流流过焊件产生的电阻热（焦耳）作为热源，将焊件局部加热到塑性或半熔化状态，然后在压力作用下形成焊接接头的焊接方法。电阻焊具有采用内部热源、热量集中、热影响区小、产品变形小、表面加工质量好、易操作、无需外加焊材等特点，其焊接质量稳定，生产效率高，易于实现自动化大规模生产。

3.1.1 电阻焊的原理

3.1.1.1 电阻焊的热源

电阻焊在加热过程中产生的热量可以用焦耳-楞次定律计算：

$$Q = I^2 Rt \tag{3-1}$$

式中　Q——电阻热量，J；

　　　I——焊接电流，A；

　　　R——电极间的总电阻（包括焊件自身电阻和界面接触电阻），Ω；

　　　t——通电时间，s。

由于金属材料的电阻较小，为了使焊件在极短的时间内（0.01s至几秒）迅速升温以减少散热损失，焊接电流通常很大（几千至几万安培），需要电阻焊机的输出电压低而功率很大。

3.1.1.2 电阻焊的基本过程

电阻焊基本过程可以分为彼此相连的三个阶段，即装配与加压、通电、断电与卸压等，如图3-1所示。

（1）加压。使焊件的焊接处获得紧密的接触，以保证所需的接触电阻，如果预压力不够，通电时可能烧坏电极或焊接表面。

（2）通电加热。被挤压在电极间的焊件由电流通过时产生的热量加热。电极间电阻包括工件内部电阻，两工件间接触电阻以及电极与工件间的接触电阻。这三种电阻的分布和结构方式也决定了焊接过程的热量分布，通常接触电阻大于金属内部电阻，且两工件间的接触电阻大于电极与工件间的接触电阻。因此，电流在两工件间产生的热量最多，达到的

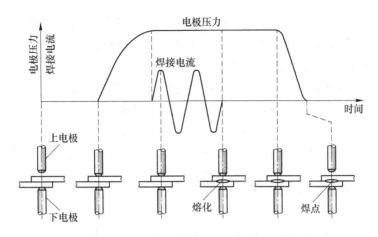

图 3-1　电阻焊过程示意图

温度也最高，当超过工件金属的熔点时界面发生熔化，此熔化区称为熔核。熔核外部的金属温度较低，仅达到塑性状态，形成包围熔核的塑性环（见图 3-2）。熔核直径通常为单个工件厚度的 2 倍，熔核高度为工件总厚度的 30%~70%。

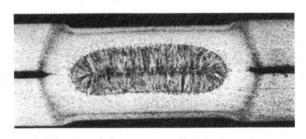

图 3-2　电阻焊焊点结构

（3）熔核凝固。停止通电后熔核温度降低而凝固结晶，形成电阻焊接头。焊点在冷却过程中金属结晶伴随着相当大的收缩，特别是铜电极的迅速散热作用，收缩非常急剧，所以在这个阶段一定要延迟解除电极的压力，使焊点在未完全冷却前，在电极的挤压作用下得到组织致密、无缩孔、裂纹的焊点。

需要指出，点焊接头的连接形式除熔化连接（形成熔核）外，有时也允许固相连接，即贴合面仅发生较为充分的再结晶和扩散，但必须有一定的体积深度以保证足够的连接强度。

与其他焊接方法相比，电阻焊具有生产率高、焊件变形小、焊接劳动条件好、不需要填充焊接材料，易于自动化等特点。其主要不足在于焊件形状尺寸和焊接接头形式受限。

3.1.1.3 电阻焊可焊性

金属材料的电阻焊可焊性与其物理性质有关，即电阻、导热性和熔点。一般地，电阻率大、热导率低、熔点低的金属材料具有较好的电阻可焊性。因此，钢铁材料的电阻可焊性较好，而铜、铝等高导热性金属，以及具有极高熔点的难熔金属都难以用电阻焊焊接。

金属电阻可焊性可以用下式表示：

$$W = \frac{R}{FK_t} \times 100 \qquad (3-2)$$

式中，W 为电阻可焊性；R 为电阻率；F 为金属熔点；K_t 为相对铜的热导率。一般地，

$W \leqslant 0.25$ 则电阻可焊性较差，$0.25 < W \leqslant 0.75$ 则电阻可焊性尚可，$W > 0.75$ 则电阻可焊性良好。按照式（3-2），低碳钢的 W 值大于 10 而铝的 W 值介于 1 和 2 之间。

3.1.1.4 电阻焊点质量影响因素

从前面的电阻热公式（式（3-1））可以看出，电阻焊的热量取决于三个参量，即电阻、电流和时间，其中电流和时间是工艺参数，而电阻既与工艺参数（如压力）有关，又主要取决于工件材料的性质（如材料的电阻率、表面状态等）。

（1）工件材料的性质。工件材料的电阻率对电阻焊接有重要影响。通常电阻率高的金属其热导率低（如不锈钢），电阻率低的金属其热导率高（如铝合金）。点焊不锈钢时产热易而散热难，点焊铝合金时产热难而散热易。因此，要形成同样大小的焊核，铝合金要比不锈钢需要更大的焊接电流。

（2）焊接电流和通电时间。焊接电流和通电时间对熔核大小的影响是一致的，焊接电流越大，通电时间越长，焊接热输入越多，则所得到的熔核尺寸也就越大。根据焊接时间长短和电流大小，将电阻焊焊接规范分为硬规范和软规范。硬规范是指在较短的时间内通入较大的电流，软规范是指在较长的时间内通入较小的电流。硬规范的焊接生产率高，焊件变形小，适用于焊接导热性和导电性较好的金属材料，但要求焊机的功率大，焊接参数控制精度高；软规范由于加热时间长，适于焊接有淬火倾向的金属材料。

（3）电极直径和电极压力。电极直径和电极压力，决定了焊接区域的接触面积大小和接触的紧密程度，使被焊材料的表面氧化层破坏、调节接触电阻大小，引起电流密度的变化和焊点上压强的变化。通过改变焊接区域的加热和金属塑性变性的程度，影响熔核的尺寸。熔核形成前存在一个短暂的孕育期，电极压力越大则孕育期越长；熔核一旦开始形成则以非常快的速度生长并达到其最大尺寸；继续增加焊接时间熔核的尺寸基本不再发生变化。增加电极压力会增加工件间密切接触的面积，使电流密度略有降低，熔核的最大尺寸也有所减小，但是减小的量并不大。电极直径和电极压力应根据焊件材料的性质、焊件厚度等选择。焊件厚度越大，电极压力也应越大；焊件的高温强度越高（如耐热钢），电极压力也应越大。

（4）电流分流。分流是在焊接过程中，绕过焊接区的电流。由于分流的存在，总电流中只有一部分作用在焊接区域，从而降低对焊接区域的加热作用，减小焊点的熔核直径。为减小分流现象，相邻两焊点应有一定的距离，其大小与焊件材料及厚度有关。焊件厚度越大，焊件材料的导电性越高，则分流现象越严重，相邻焊点间距应越大。

另外，焊件的表面状态对焊接质量也有影响。焊件表面存在氧化膜及油污等，将使焊件间电阻显著增加，甚至出现局部不导电，影响焊接电流通过，必须焊前彻底清除。

3.1.2 电阻焊的类型

电阻焊的种类很多，一般可根据接头形式和工艺方法、电流以及电源能量种类来划分，如图 3-3 所示。

3.1.2.1 按接头形式和工艺方法

按接头形式分为搭接电阻焊和对接电阻焊两种，结合工艺方法则可分为点焊（点接头）、缝焊（线接头）和对焊（面接头）等。点焊、缝焊一般都是搭接接头，个别情况下也采用对接接头（如高频直缝电阻焊钢管）；对焊则采用对接接头。三种接头形式如图 3-4 所示。

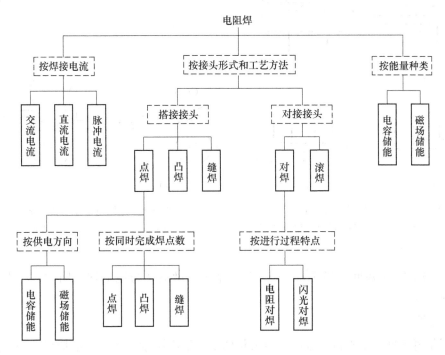

图 3-3　电阻焊的分类

A　电阻点焊

电阻点焊采用端部面积稍小的柱状电极，一次操作完成一个焊点。按工件供电的方向，点焊可分为单面点焊与双面点焊两种。单面点焊是由工件一侧供电；双面点焊是由工件两侧对两工件供电，可用两个电极，或一面是电极、另一面为导电垫板。凸焊是点焊的一种特殊形式，在被焊面上预先做出数个凸点并采用面积较大的柱状电极，在点焊

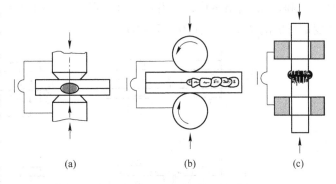

图 3-4　电阻焊接头示意图
（a）点焊；（b）缝焊；（c）对焊

过程中所有凸点处均发生导电加热和局部变形，一次操作可完成所有凸点的电阻焊接，是一种群焊方法。几种电阻点焊装配如图 3-5 所示。

B　电阻缝焊

电阻缝焊用滚盘电极，在焊件上滚动，随即形成一个个焊点。焊点可以是分离的，也可以相互重叠起来，形成类似连续点焊的焊缝，如图 3-6 所示。根据滚盘电极转动方式以及焊接电流的不同，电阻缝焊分为连续缝焊（滚盘连续转动、电流连续接通），断续缝焊

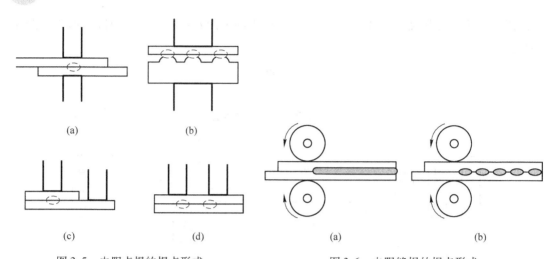

图 3-5 电阻点焊的焊点形式
（a）双面电极点焊；（b）凸焊；（c）单面电极点焊；
（d）平行间隙焊

图 3-6 电阻缝焊的焊点形式
（a）连续焊点；（b）分离焊点

（滚盘连续滚动、电流间歇接通），步进式缝焊（滚盘滚动与通电均为间歇式、电流在滚盘不动时输入）。

C 对焊

对焊是将工件对中夹持，轴向加压力将两工件端面压紧，然后通电加热，当界面温度达到塑性状态以后用顶锻力使两者形成冶金结合，如图 3-7（a）。闪光对焊与电阻对焊相似，其差别在于先通电再将工件缓慢靠近接触，在端面个别接触点形成火花（电弧放电现象），端面局部高温熔化，并沿长度有一定的塑性时加顶锻力，将熔化金属挤出，依靠塑性变形形成冶金结合，如图 3-7（b）。

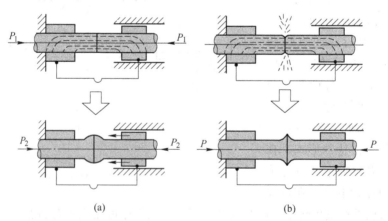

图 3-7 电阻对焊与闪光对焊示意图
（a）常规对焊；（b）闪光对焊

3.1.2.2 按电流或电源能量分类

电阻焊按电流或能量的种类大致可分为交流（图 3-8a～d）、脉冲（图 3-8e）及直流（图 3-8f）三类。如图 3-8 所示。

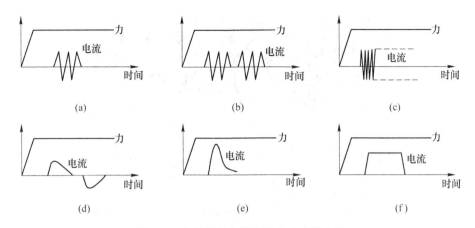

图 3-8 电阻焊的电源类别和时序示意图
(a) 单脉冲；(b) 多脉冲；(c) 高频；(d) 低频；(e) 电容储能；(f) 直流

A 交流电阻焊

交流电源中应用最多的是工频交流电阻焊，可用单脉冲、多脉冲或调幅电流。若工频经过变频后使用 3～10Hz 时称为低频焊接，可用于大厚度、大断面焊件的点焊和对焊。中频（150～300Hz）或高频（2.5～450kHz）多用于薄壁工件的焊接。

B 电容储能焊

电容储能焊是利用储存在电容中的能量对焊接处突然放电的脉冲电流进行焊接。储能焊的放电时间短，电流峰值高，波形陡峭，加热与冷却速度很快，对导热性很好的金属显出很大的优点。

3.1.3 电阻焊的应用

电阻焊因焊点质量可靠、材料适用范围宽、生产效率高、易实现自动化等优点，在航空航天、电子、汽车、家用电器等工业部门获得了广泛应用。本节简要介绍电阻焊在汽车制造、建筑和钢管生产中的典型应用。电阻焊在电子制造中的应用请参阅 5.3.3 微电阻焊。

3.1.3.1 汽车制造

汽车制造工业应用最多的焊接方法是电阻点焊。汽车车体是由金属薄板组焊成一体的，而电阻点焊在薄板连接方面优势明显。并且电阻点焊易于实现自动化，甚至是智能化，电阻点焊焊接机器人已成为现代汽车制造生产线的标配的装备，如图 3-9 所示。

3.1.3.2 建筑

建筑中最常使用的电阻焊形式为电渣压力焊。电渣压力焊是将两棒状工件（如钢筋）安放成竖向对接形式，利用焊接电流通过工件间隙，在焊剂层下形成电弧加热过程和电渣加热过程，产生电弧热和电阻热熔化钢筋，加压完成的一种压焊方法。电渣压力焊的焊接过程包括四个阶段：引弧过程、电弧加热过程、电渣加热过程和顶锻过程，如图 3-10 所示。

焊接开始时，首先在上、下两钢筋端面之间引燃电弧，使电弧周围焊剂熔化形成空穴；随之焊接电弧在两钢筋之间燃烧，电弧热将两钢筋端部熔化，熔化的金属形成熔池，

图 3-9　汽车生产线上的电阻焊机器人

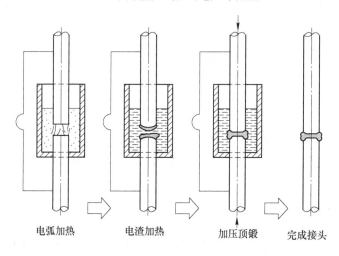

电弧加热　　　电渣加热　　　加压顶锻　　　完成接头

图 3-10　电渣压力焊过程示意图

熔融的焊剂形成熔渣（渣池），覆盖于熔池之上，此时，随着电弧的燃烧，上、下两钢筋端部逐渐熔化，将上钢筋不断下送，以保持电弧的稳定，继续电弧加热过程；随电弧加热过程的延续，两钢筋端部熔化量增加，熔池和渣池加深，待达到一定深度时，加快上钢筋的下送速度，使其端部直接与渣池接触，这时，电弧熄灭而变电弧过程为电渣加热过程；待电渣加热过程产生的电阻热使上、下两钢筋的端部达到全截面均匀加热的时候，迅速将上钢筋向下顶压，挤出全部熔渣和液态金属，随即切断焊接电源，完成焊接工作。

电渣压力焊适用于现浇钢筋混凝土结构中竖向或斜向钢筋的连接，特别是对于高层建筑的柱、墙钢筋，应用尤为广泛（见图 3-11）。

图 3-11　电渣压力焊的建筑钢筋结构

3.1.3.3 钢管

高频直缝电阻焊（high-frequency electrical resistance welded，HRERW）钢管是热轧卷板经过成型机成型后，利用高频电流的集肤效应和邻近效应，使管坯边缘加热熔化，在挤压辊的作用下进行压力焊接来实现生产（见图 3-12）。目前，在世界焊接钢管的产量中，HRERW 焊管产量约占焊管总产量的 80%。

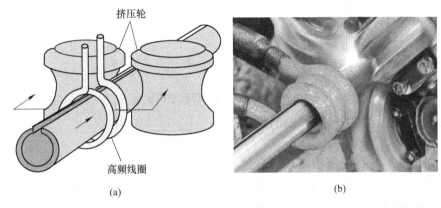

图 3-12　高频电阻缝焊钢管制造
（a）原理示意图；（b）加工现场

3.2　摩　擦　焊

摩擦焊（friction welding，FW）利用焊件表面相互摩擦所产生的热，使端面达到热塑性状态，然后迅速顶锻，完成焊接的一类压焊方法。

摩擦焊接的起源可追溯到 1891 年，其标志为美国批准了这种焊接方法的第一个专利。该专利是利用摩擦热来连接钢缆。随后德国、英国、苏联、日本等国家先后开展了摩擦焊接的生产与应用。

摩擦焊接以其优质、高效、节能、无污染的技术特色，在航空、航天、核能、海洋开发等高技术领域及电力、机械制造、石油钻探、汽车制造等产业部门得到了越来越广泛的应用。

根据焊件相对运动方式，摩擦焊分为旋转摩擦焊、线性摩擦焊、搅拌摩擦焊等。

3.2.1　旋转摩擦焊

旋转摩擦焊是电机带动焊件做旋转运动，达到一定转速（转动能量）后将其与固定的焊件相互接触而发生摩擦，机械能转变成热能而将界面加热到塑性状态，最后在顶锻力作用下完成固相连接过程。旋转摩擦焊一般用于圆柱截面或管截面焊件的连接。按照驱动与制动方式，旋转摩擦焊又分为连续驱动摩擦焊和惯性摩擦焊。

3.2.1.1　连续驱动摩擦焊

连续驱动摩擦焊焊机结构如图 3-13 所示。摩擦焊接过程的一个周期，可分成初始摩擦、过渡摩擦、稳定摩擦、减速和顶锻等几个阶段，如图 3-14 所示。每个阶段依次发生，

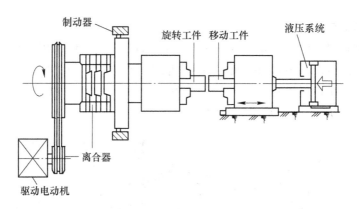

图 3-13　连续驱动摩擦焊焊机结构示意图

前一阶段的充分进行是下一阶段的前提和基础。

（1）初始摩擦与过渡摩擦阶段。凸起部分首先产生摩擦、剪切与黏结，摩擦产热，实际接触面积不断增加。摩擦界面温度不断升高，摩擦区域材料开始软化，黏塑性金属层内的塑性变形产热，两工件实际接触面积达到100%。工件开始轴向缩短。

（2）稳定阶段。产热量趋于稳定，热量由摩擦界面向工件内部传导，焊接面两侧的金属开始塑性流动，不断被挤出形成飞边，轴向缩短开始增加。

（3）减速与顶锻阶段。当接头温度和变形都达到合适值后开始刹车，与此同时施加较大的顶锻力，焊件轴向缩短量急剧增

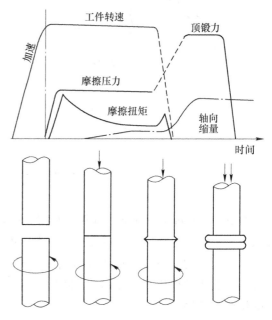

图 3-14　旋转摩擦焊过程示意图

加，相对速度急剧降低至零。焊合区金属通过相互扩散和再结晶使两侧工件实现可靠连接。

3.2.1.2　惯性摩擦焊

惯性摩擦焊（inertia friction welding，IFW）是摩擦焊工艺中较典型的一种，美国卡特彼勒（Caterpillar）公司在20世纪60年代初发明了惯性摩擦焊，目前世界上比较著名的惯性摩擦焊设备制造商为美国MTI（Milliren Technologies Inc.）公司。惯性摩擦焊通过在待焊材料之间摩擦，产生热量，在顶锻力的作用下材料发生塑性变形与流动，进而连接焊件。

惯性摩擦焊一般装有飞轮（见图3-15（a）），飞轮可储存旋转的动能，用以提供工件摩擦时需要的能量。惯性摩擦焊在焊接前，将工件分别装入旋转端和滑移端，再将旋转端加速，当旋转端转速达到设定值时，主轴的驱动马达与旋转端分离。滑移端一般由液压伺服驱动，朝旋转端方向移动，工件接触后开始摩擦同时切断飞轮的驱动电机供电；当旋转端的转速下降到一定值时，开始对待焊工件进行顶锻，保持一定时间后，滑移端退出，焊接过程结束（见图3-15（b））。在实际生产中，可通过更换飞轮或组合不同尺寸的飞轮来

改变飞轮的转动惯量，从而改变焊接能量及焊接能力。

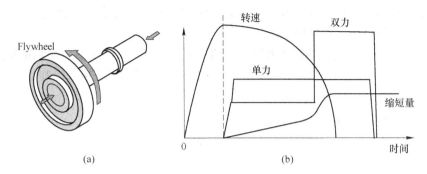

图 3-15　惯性摩擦焊的飞轮结构及焊接工艺曲线
（a）飞轮结构示意；（b）工艺曲线

3.2.2　线性摩擦焊

线性摩擦焊（linar friction welding，LFW）是一种利用被焊工件接触面在压力作用下相对往复运动摩擦产生热量，从而实现焊接的固态连接方法。与其他摩擦焊如旋转摩擦焊相比。更加适合焊接非圆形截面、形状不规则，以及材料、尺寸差异大的焊件。

线性摩擦焊最早追溯到 1929 年，但是比较公认的是起源于上世纪 60 年代西亚乐（J. Searle）的非圆形件的摩擦焊原理构想，但直到 1990 年才出现第一台线性摩擦焊机。线性摩擦焊机则可以焊接方形、圆形、多边形截面的金属或塑料焊件以及不规则构件。

3.2.2.1　线性摩擦焊工艺过程

线性摩擦焊过程中，摩擦副中一个焊件被往复机构驱动，相对于另一侧被夹紧的表面做相对运动。在垂直于往复运动方向的压力作用下，随摩擦运动的进行，摩擦表面被清理并产生摩擦热，摩擦表面的金属逐渐达到黏塑性状态并产生变形。然后，停止往复运动、施加顶锻力，完成焊接，如图 3-16 所示。

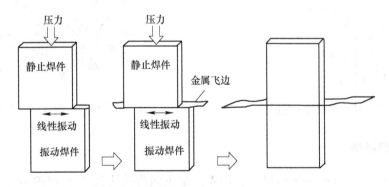

图 3-16　线性摩擦焊原理示意图

3.2.2.2　线性摩擦焊工艺曲线

线性摩擦焊可以分为焊件夹持、线性振动和顶锻 3 个阶段，如图 3-17 所示。

（1）焊件夹持。焊件使用专用焊接夹具以保证在焊接过程中稳定和施加压力。焊接夹具对线性摩擦焊性能有重要影响。

（2）线性振动。其中一个焊件开始做线性振动，到达稳定后，用适当压力将两焊件待焊表面接触。摩擦使得界面温度升高，界面金属到达塑性状态，不断被挤压到界面外面，形成金属飞边。焊件也因此轴向缩短。

（3）顶锻。当经历设定的焊接时间（线性振动周期），或焊件轴向缩短量达到设定值（耗量）后，停止振动，迅速施加顶锻力，并保持一定时间以保证接头冷却强化。

3.2.2.3 线性摩擦焊焊接热输入

线性摩擦焊焊接热输入可以写成

$$W = \frac{\alpha f P}{2\pi A} \tag{3-3}$$

式中　α——振幅，mm；

　　　f——频率，Hz；

　　　P——压力，N；

　　　A——焊接面积，mm^2。

从上式可以看出，焊接热输入随振动频率、振幅和压力的增加而增加。线能量仅仅是线性摩擦焊的必要条件，要想获得良好的焊接接头还应该考虑焊件轴向缩短量，以及金属材料的材质与状态。

3.2.2.4 线性摩擦焊应用举例

线性摩擦焊的潜在用途包括齿轮、链环、行李箱盖和地板块等塑料部件，双金属叶片以及金属与塑料的复合连接。图 3-18 为线性摩擦焊焊接整体叶盘，整体叶盘少了榫头与榫槽，重量减轻很多，有利于提高发动机的推重比。

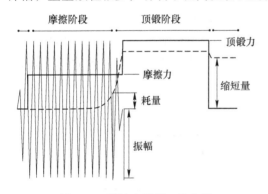

图 3-17　线性摩擦焊工艺曲线　　　　图 3-18　线性摩擦焊制造的航空发动机叶轮

3.2.3 搅拌摩擦焊

搅拌摩擦焊（friction-stir welding，FSW）是英国焊接研究所于 1990 年发明的，随后获得快速推广应用。搅拌摩擦焊是一种利用第三者工具（搅拌头）与焊件摩擦产热而实现金属固相连接的方法。搅拌摩擦焊主要焊接铝合金，特别是非热处理强化铝合金。

3.2.3.1 搅拌摩擦焊原理与工艺过程

A 搅拌摩擦焊的原理

搅拌头与两焊件摩擦形成的高温将其周围附近焊件材料加热到非常软化的状态，并带动这个软化的金属发生机械混合。随着搅拌头沿焊接方向移动，后方金属冷却形成焊接接头，如图 3-19 所示。

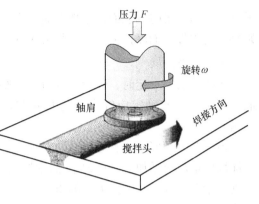

图 3-19　搅拌摩擦焊工艺原理示意图

B　搅拌摩擦焊的工艺过程

搅拌摩擦焊焊接过程大致分为三个阶段，如图 3-20 所示。

（1）插入阶段。高速旋转的搅拌头垂直压在静止的焊件表面，两者的接触面因摩擦生热而导致温度升高，达到焊件材料的软化温度以后，在压力作用下，搅拌头逐渐潜入焊件表面。当搅拌头的潜入使得轴肩与焊件表面接触后，压力与摩擦阻力显著增大，摩擦热功率增加，焊接热输入使搅拌头周围的软化区域逐渐扩大。

（2）移动阶段。当搅拌头周围软化区域的范围达到一定后，启动焊接速度（焊件移动或搅拌头移动），使搅拌头沿焊件待焊部位运动而形成焊缝。

（3）拔出阶段。当搅拌头移动到焊件待焊部位末端后，在焊接方向停止移动，保持搅拌头旋转速度，搅拌头向上移动，从焊件中逐渐拔出，从而完成整个搅拌摩擦焊过程。

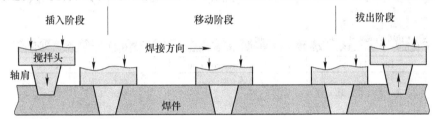

图 3-20　搅拌摩擦焊的工艺过程示意图

3.2.3.2　搅拌摩擦焊的工艺参数

A　焊接热功率

搅拌摩擦焊时搅拌头与焊件摩擦所产生的热功率 Q 可以表示为

$$Q = \frac{\pi\omega\mu F(r_0^2 + r_0 r_i + r_i^2)}{45(r_0 + r_i)} \tag{3-4}$$

式中　Q——焊接热功率，W；

　　　r_0——搅拌头的轴肩半径，mm；

　　　r_i——搅拌头的半径，mm；

　　　ω——搅拌头的旋转速度，r/min；

　　　F——压力；

　　　μ——摩擦系数。

B　搅拌头的旋转速度

热功率与搅拌头的旋转速度成正比。当搅拌头的旋转速度较低时，焊接热输入量不足以形成热塑性流动层，不能实现固相连接。

C　压力

热功率与压力成正比，为了获得一定的热功率需要足够的压力。同时压力也影响焊缝成型。压力不足时则表面热塑性金属将溢出焊件表面，焊缝底部就会形成孔洞；压力过大则轴肩与焊件表面摩擦力增大，焊缝表面易出现飞边、毛刺等缺陷。

D 焊接速度

焊接热功率一定时，焊接速度过大时则热量不足，焊缝成型不良，并且内部会出现孔洞。焊接速度的确定应综合考虑焊接热功率、焊件材料种类、板厚、搅拌头的强度等因素。

搅拌头的几何形状和焊接参数对焊接压紧力和摩擦力矩有影响。压力随搅拌头插入工件深度的增加而增加。摩擦力矩与搅拌头轴肩和探针直径相关，轴肩直径对摩擦力矩的影响远大于探针直径对摩擦力矩的影响。

3.2.3.3 搅拌摩擦焊的接头组织特征

从横断面看，一般将接头分为三个部分，即焊核区（weld nugget，WN）、机械热影响区（thermo-mechanically affected zone，TMAZ）和热影响区 HAZ，如图 3-21 所示。

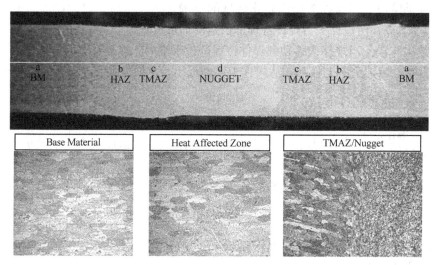

图 3-21 AA5083-H111 的搅拌摩擦焊接头组织
（板厚 4.0mm，转速 1120r/min、焊接速度 320 mm/min）

A 焊核区

焊核区发生了强烈的搅拌，两焊件材料充分混合，成分来自两焊件。在高温、高形变量作用下金属发生动态再结晶，表现为细小的等轴晶粒。

B 热机影响区

位于焊核外侧的焊件上。成分没有混合，但受到较高的温度和形变，部分发生了再结晶。

C 热影响区

位于热机影响区的外侧焊件上。形变不大，不能发生再结晶等过程，温度升高会使形变强化的焊件材料发生回复，时效强化的焊件材料发生固溶或过时效，从而在一定程度上改变焊件材料的初始状态和性能。

3.2.3.4 搅拌摩擦焊的技术类型

A 接头形式和焊接位置

搅拌摩擦焊的基本类型是等厚薄板对接接头的水平位置焊接。通过接头设计，采用搅拌摩擦焊可以焊接不同板厚的板材对接接头，也可以制作搭接、角接等其他类型接头的焊接（见图3-22）。搅拌摩擦焊接机器人可以用于全位置焊接（见图3-23），并通过采用合适的引出板获得没有拔出孔的致密环焊缝（见图3-24）。

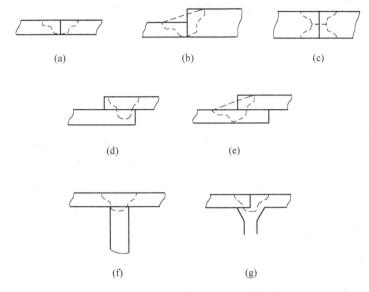

(a) (b) (c)

(d) (e)

(f) (g)

图 3-22 搅拌摩擦焊接头设计形式

（a）等厚薄板对接；（b）不等厚板对接；（c）双面对接；（d）搭接；（e）搭角接；
（f）搭接 T 接头；（g）对接 T 接头

图 3-23 搅拌摩擦焊接机器人进行全位置焊接

图 3-24 筒体上的搅拌摩擦焊纵缝和环缝

B 摩擦焊点焊

除了焊接长焊缝外，搅拌摩擦焊可以用于点焊，代替传统的电阻电焊和铆接用于铝、镁等轻金属的焊接。与搅拌摩擦焊相似，搅拌摩擦点焊采用的搅拌头常称为搅拌针，室温下搅拌针旋转压入试样，不同于搅拌摩擦焊的是搅拌摩擦点焊不移动形成线性焊缝，而是搅拌工艺在特定点结束后，搅拌头从工件上撤出后获得搅拌摩擦焊焊点。通过搅拌头设计，利用外加的轴套在搅拌针撤出过程中回填塑性金属，可以获得无中心孔的焊点，如图3-25 所示。

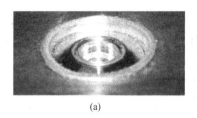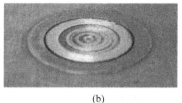

(a)　　　　　　　　　　　　　　(b)

图 3-25　搅拌摩擦焊点焊

（a）常规焊点；（b）回填型焊点

　　搅拌摩擦点焊的主要能源消耗在驱动摩擦头的电机上，是传统电阻点焊耗能的二十分之一；焊接设备简单、不需要各种各样的辅助机械，甚至基本不使用冷却水和压缩空气，使设备成本大幅度降低；焊接部位的强度与电阻点焊相比毫不逊色、质量稳定；焊件由于未承受达到熔解的摩擦热量，几乎没有热变形；搅拌摩擦点焊方法使用的搅拌头寿命长，可达 10 万次而不出现损耗；工作场所因没有电阻焊产生的灰尘和电火花，所以很干净。另外，也不会产生因使用大电流而引起的电磁波噪声。

3.2.4　超声波焊

3.2.4.1　超声波焊的原理与分类

A　超声波焊的原理

　　超声波焊（ultrasonic welding，UW），又称超声键合（ultrasonic bonding，UB），是将超声波振动（频率 10 ~ 75kHZ）引入两工件接触面，使其产生侧向相对运动，在一定的法向压力下，工件接触面摩擦生热，当加热至塑性状态时，施加法向压力，工件接触面发生塑性变形，紧密接触而形成键合（见图 3-26）。

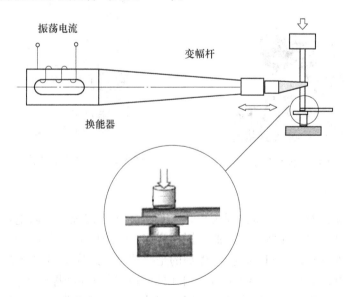

图 3-26　超声波焊接示意图

超声波焊具有如下特点：

（1）焊接温度低、时间短。

（2）焊件变形小。

（3）工件表面预处理要求低，允许有少量氧化膜、油污、漆、聚合物膜等。

（4）节能，耗电量仅为电阻焊的5%。

B　超声波焊的技术分类

按照超声波相对于焊件连接面的传播方向，超声波焊接分为两类：垂直波焊与平行波焊。前者是指超声波振动方向垂直于待焊界面，主要用于塑料焊接；后者是指超声波振动方向平行于待焊界面，主要用于金属材料焊接，如图3-27所示。

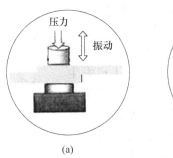

图3-27　两种超声波焊接工艺类型
（a）垂直波焊；（b）平行波焊

C　超声波焊的结合机制

一般认为在超声波焊过程中的初始阶段，切向振动能除去金属表面的氧化物，粗糙表面的突出部分产生反复的微焊和破坏的过程而使接触面积增大，同时使焊区温度升高，在焊件交接触面产生塑性变形。这样在接触压力的作用下，相互接近到原子间距时，即形成冶金结合的永久焊点。

（1）微区熔合。超声能量所引起的界面运动导致界面相互摩擦并产生热量，甚至导致界面熔化从而形成连接。由于超声波焊接温度很难精确测量，是否发生局部界面熔化仍然存在争议。认为不存在熔化的依据是采用熔点较低的Sn合金也没有发现明显熔化迹象，并且曾有液氮温度下成功实现金属键合的报道；而认为存在熔化的依据是在Al、Cu的超声波焊接接头发现非常细小等轴晶（$0.05 \sim 0.2 \mu m$），显示出含有非熔化质点的金属凝固组织。

（2）物理冶金。超声波焊接过程中存在摩擦运动，导致侧向塑性变形使污染物移动，同时在法向压力下新鲜金属在界面处达到原子级别的紧密接触表面。超声波焊与摩擦焊相似，只是在焊点形成时界面温度和金属塑性流动的范围很小，在界面微区内也可能发生原子扩散、再结晶或形成金属间化合物等物理冶金过程，从而形成金属键。物理冶金结合机制同样缺乏必要的证据。

（3）机械嵌合。超声波焊接接头的界面常呈现犬牙交错的形态，这种界面是由于超声焊过程中金属塑形流动造成的，对连接强度有贡献。机械嵌合是金属/塑料超声波焊结合的主要机制，但不是金属的超声波焊接接头的主要结合机制。

3.2.4.2　超声波焊工艺

A　超声波焊的工艺时序

超声焊类似于摩擦焊，但又有区别。超声波焊通常分为两个阶段：超声摩擦和顶锻，其典型工艺时序如图3-28所示。

（1）焊前准备，待焊的一对工件，一件夹持于往复运动机构中（往复运动工件）；另一件夹持于尾座夹具中（移动工件）。

（2）焊接时，往复运动工件在超声波动力源下开始高频、小振幅往复运动；移动工件在压力的作用下逐步向往复运动工件靠拢。

（3）当工件接触后，在焊接压力作用下，在摩擦界面上的凸起部分首先发生摩擦、黏结与剪切，并产生摩擦热。

（4）随着压紧，摩擦力迅速升高，摩擦界面温度也随之上升，摩擦界面逐渐被一层高温黏塑性金属覆盖。

（5）工件的相对运动实际上已发生在这层黏塑性金属层的内部，产热机制已由初期的摩擦产热变为黏塑性金属层内的塑性变形产热。在热激活作用下，这层黏塑性金属发生动态再结晶。

（6）随摩擦热量由摩擦面向工件的

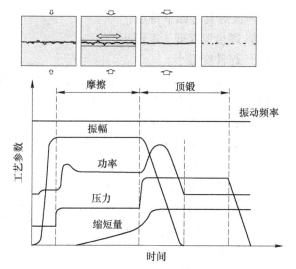

图 3-28　超声波焊接的典型工艺时序图

传导，焊接面两侧温度快速升高，在压力作用下，焊合区金属发生塑性流动，形成飞边，缩短量逐渐增大。当摩擦焊接区的温度分布、变形达到一定程度后，缩短量急剧增加。

（7）在顶锻过程中，焊合区金属通过相互扩散与再结晶，使两侧金属牢固焊接在一起，从而完成整个焊接过程。

B　超声波焊的工艺参数

假定在超声振动的作用下两工件之间的滑动速度为摩擦系数，则在界面产生的单位面积热量为：

$$Q = \mu F v / A \tag{3-5}$$

式中　Q——超声波在待焊部位产生的热量，J；

　　　F——法向压力，N；

　　　v——超声波频率，s^{-1}；

　　　A——超声波振幅，cm；

　　　μ——滑动摩擦系数。

超声波焊的主要参数有振动频率 f、振幅 A、法向压力 F、焊接时间 t 以及它们的组合。超声波焊过程时间极短（通常不足 30ms），且随着摩擦产生热及热变形，引起焊件界面温度增加，导致摩擦系数变化，因此，超声波作用是一个非常复杂的瞬态过程。其他条件相同时，随法向压力和振幅增加，界面区达到的最高温度增加，如图 3-29 所示。

（1）超声波振动频率。超声波的振动频率包括频率的大小和频率的精度。超声波的振动频率一般在 15～75kHz。根据焊件材料的物理性质和厚度选择频率，焊件材料的屈服强度高、厚度较小时选择较高的频率，反之则相反。振动频率的精度对超声波焊接质量的稳定性有重要影响。由于焊接过程中机械负荷的多变性会出现随机的失谐现象，造成超声波焊接质量不稳定。

（2）超声波振幅。超声波振幅是超声波焊的关键参数，对焊件接合面的表面氧化膜清除、发热量、塑性流动范围等有接合面的重要影响。超声波的振幅一般取 5～25μm，焊件材料的硬度高、厚度小时取较小振幅值。

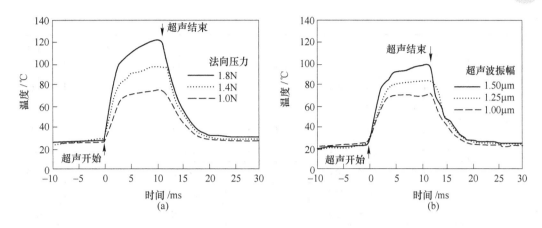

图 3-29　不同工艺参数下超声键合区的温度特性曲线

（a）法向压力；（b）超声振幅

（3）法向压力。法向压力主要影响超声波功率输出及焊件变形。法向压力过小时超声波能量不能有效传递到焊件之间的界面，法向压力过大时会使得摩擦力过大而导致焊件间的相对运动减弱。

（4）焊接时间。超声波的焊接时间一般取 $0.5 \sim 2.5 s$。焊件厚度越小则焊接时间越短。焊接时间通常与法向压力相匹配。在其他焊接参数不变的情况下，选用偏高的法向压力可以缩短焊接时间。

上述几个超声波焊接参数之间存在相互关联。焊接时间和法向压力是可以调节的，振幅和频率由焊机设备决定。另外，声极材料、形状尺寸及其表面状态等因素也对焊接质量有影响。

3.2.4.3　常用金属材料的超声波焊接

超声波焊可以实现同种金属或异种金属材料的可靠连接。

A　超声波焊接可焊性

（1）同种材料连接。金属材料的超声波焊接可焊性主要取决于材料的硬度和晶格结构。面心立方晶格结构金属，如铝、铜、金、银、镍、钯和铂，特别适合于采用超声波焊接；而具有六角形晶格结构的金属，如：镁、钛、锌和锆，其可焊性的程度有限。对于硬度较大的金属材料，可以采用在加热条件下进行超声波焊接，这种方法又称为热压-超声波焊接。表 3-1 和表 3-2 分别为铝和铜的超声波焊接参数。

表 3-1　铝及其合金的超声波焊接参数 （19.5 ~ 20.0kHz）

材　料	厚度/mm	焊 接 参 数			声极材料/硬度 （HV）	焊点抗剪力/N
		法向压力/N	焊接时间/s	振幅/μm		
	0.3 ~ 0.7	200 ~ 300	0.5 ~ 1.0	14 ~ 16		530
Al	0.8 ~ 1.2	350 ~ 500	1.0 ~ 1.5	14 ~ 16	45/160 ~ 180	1030
	1.3 ~ 1.5	500 ~ 700	1.5 ~ 2.0	14 ~ 16		1500
5A02	0.3 ~ 0.5	300 ~ 500	1.0 ~ 1.5	17 ~ 19		1090
5254	0.6 ~ 0.8	600 ~ 800	0.5 ~ 1.0	22 ~ 24		1080

续表 3-1

材 料	厚度/mm	焊 接 参 数			声极材料/硬度（HV）	焊点抗剪力/N
		法向压力/N	焊接时间/s	振幅/μm		
2024-0	0.3~0.7	300~600	0.5~1.0	18~20	Cr15/330~350	720
	0.8~1.0	700~800	1.0~1.5	18~20		2200
	1.1~1.3	900~1000	2.0~2.5	18~20		2500
	1.4~1.6	1100~1200	2.5~3.5	18~20		2500
2024-T6	0.3~0.7	500~800	1.0~2.0	20~22		2360
	0.8~1.0	900~1000	2.0~2.5	20~22		1460
	1.1~1.3	1100~1200	2.5~3.0	20~22		1630
	1.4~1.6	1300~1600	3.0~4.0	20~22		1700

表 3-2　T2 铜的超声波焊接参数（19.5~20.0kHz）

厚度/mm	焊 接 参 数			声极材料/硬度（HV）	焊点抗剪力/N
	法向压力/N	焊接时间/s	振幅/μm		
0.3~0.6	300~700	1.5~2.0	16~20	Cr15/160~180	1130
0.7~1.0	800~1000	2.0~3.0	16~20		2340
1.1~1.3	1100~1300	3.0~4.0	16~20		—

（2）异种材料连接。异种材质的焊件的超声波焊可焊性取决于两种材料的硬度差别。两种材料的硬度越接近则越易于进行超声波焊接。表 3-3 给出了已报道的可以用超声波焊接的异种金属组合。

表 3-3　超声波焊适用的异种材料组合

材料 A	材料 B
铝	铜、锗、金、钼、镍、铂、硅、锆、铍、镁、铁、钢、不锈钢、镍铬合金、铁镍钴合金、康铜合金
铜	金、镍、铂、锆、钢、铁镍钴合金
金	锗、镍、铂、硅、铁镍钴合金
铁	钼、锆、钢
镍	钼、铁镍钴合金
锆	钼

一般地，采用超声波焊接两种硬度不同的焊件时，将硬度高的焊件固定，而硬度低的焊件与超声波声极接触，焊接参数按照硬度低的焊件选取。当厚度不同的焊件组合时，将厚大件固定，而超声波声极作用于薄小件上，焊接参数按薄小件选取。

从原理上讲，通过在硬度较高的材料上面做适当的金属涂层或者插入另一种金属箔做中间层，超声波可以焊接所有固体材料的连接。在超声波焊接中，施加在焊件上的机械负荷有时会对材料造成局部损坏，特别是焊接玻璃或陶瓷时，需要对法向压力精密控制。

B　应用举例

在电机制造，特别是微电机制造中，超声波点焊正逐步取代原来的钎焊和电阻焊，用于几乎所有的连接工序。图 3-30~图 3-32 为超声波焊接件。

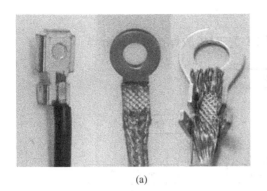
(a)
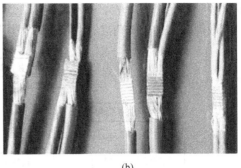
(b)

图 3-30　铜绞线的超声波焊接

（a）铜绞线与接线端子的连接；（b）铜绞线与铜绞线的连接

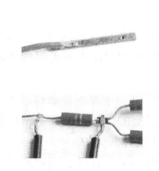

图 3-31　电路导线连接

图 3-32　电机转子电刷的超声焊接

3.3　扩　散　焊

扩散焊（diffusion bonding，DB）是指在一定的温度和压力下，被连接表面相互靠近、相互接触，通过使局部发生微观塑性变形，或通过被连接表面产生的微观液相而扩大被连接表面的物理接触，然后结合层原子之间经过一定时间的相互扩散，形成结合界面可靠连接的过程。

扩散焊有多种分类角度，一般可以采用图 3-33 对扩散焊技术进行分类。

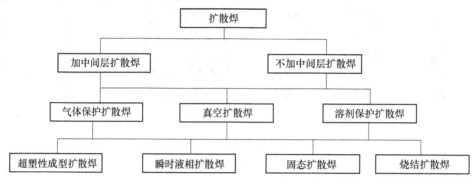

图 3-33　扩散焊技术分类

（1）中间层。对于采用常规扩散连接方法难以焊接或焊接效果较差的材料，可在被焊材料之间加入一层过渡金属或合金（称为中间层），这样就可以焊接很多难焊的或冶金上不相容的异种材料，可以焊接熔点很高的同种或异种材料。

（2）保护介质。由于扩散焊温度高、时间长，一般需要在炉中完成扩散焊过程。为了避免焊件在扩散焊接过程中与空气的高温反应，需要采取必要的保护措施。最常见的扩散焊是在真空炉完成的（真空扩散焊），也可以采用保护气体或焊剂保护。

（3）焊接机理。常规扩散焊是固相焊，焊接过程中焊件不发生熔化，通过原子扩散实现焊接连接。为了减小焊接压力、降低焊接温度或缩短焊接时间，有时会通过成分设计使界面处产生少量的暂时性液相，这种扩散焊称为过渡液相扩散焊或瞬时液相扩散焊（transient liquid phase bonding，TLPB）。

3.3.1　固相扩散焊

固相扩散焊是苏联卡扎柯夫（N. F. Kazakov）于 1953 年提出的，是通过采用特别设计的焊接装夹具将两个焊件在高温下紧密固定在一起，最终实现固相连接的。固相扩散焊的实质是在较高温度下经过较长时间通过原子扩散实现焊接。固相扩散焊的特征是焊接过程中焊件在焊接前后没有宏观程度的原子流动（塑性变形或液体流动）。

3.3.1.1　固相扩散焊过程

固相扩散焊过程可以大致分为两个阶段，物理接触阶段（局部接触、界面接触）和冶金接触阶段（界面消失、空洞消失），如图 3-34 所示。

A　物理接触阶段

将表面平整干净（去除氧化膜和其他杂质与吸附物）的两待焊焊件装配在一起，置于加热炉中加热并加压。通过塑性变形和蠕变，两焊件界面接触面积逐渐扩大。

B　冶金接触阶段

接触界面处的原子发生扩散，焊件的原始表面（界面）逐渐消失而形成一系列分离的空洞，这些空洞会随着界面面积收缩而逐渐缩小，最终形成无界面的完整接头。

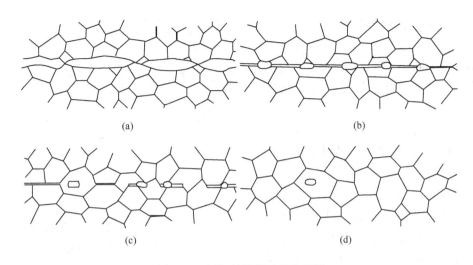

图 3-34　固相扩散焊过程示意图

（a）局部接触；（b）界面接触；（c）界面消失；（d）空洞消失

3.3.1.2　固相扩散焊的工艺参数

固相扩散焊的焊接参数主要有温度、压力、保温时间。对于有相变的材料以及陶瓷等脆性材料的扩散焊，还应控制加热和冷却速度。

A　温度

温度是扩散焊最重要的焊接参数。在一定温度范围内，扩散过程随温度的提高而加快，接头强度也能相应增加。但温度的提高受工装夹具高温强度、焊件的相变和再结晶等条件所限。一般范围为 $0.5 \sim 0.9 T_m$（T_m 为焊件材料的熔点，K）。

B　压力

压力主要影响扩散焊的物理接触阶段，为了减小变形可以适当降低固相扩散焊后期的压力。适当提高压力有利于提高焊接接头的性能，压力的上限受焊件总体变形量及设备能力的限制，除热等静压扩散焊外，通常取 $0.5 \sim 50MPa$。当焊件晶粒度较大或表面粗糙度较大时，所需压力也较高。几种常见材料固相扩散焊压力见表 3-4。

表 3-4　几种金属材料固相扩散焊压力　　　　　　　　　　　　（MPa）

材料	碳钢	不锈钢	铝合金	钛合金
普通扩散焊	$5 \sim 10$	$7 \sim 12$	$3 \sim 7$	—
热等静压扩散焊	100	—	75	50

C　保温时间

保温扩散时间并非独立变量，而与温度、压力密切相关，且可在相当宽的范围内变化。采用较高温度和压力时，只需数分钟；反之，就要数小时。对于有中间层的扩散焊，还取决于中间层厚度和对接头成分、组织均匀度的要求，需要根据试验结果确定。

此外，固相扩散焊通常是在真空环境下进行的以避免焊件长时间高温加热条件下的氧化问题，并且焊前对焊件待焊表面严格清除氧化膜。为了改善焊件的物理接触，以及促进原子扩散，有时在焊件待焊表面预先镀一层中间层金属，或者在焊件之间夹上一层中间层金属箔。异种材料固相扩散连接时常常考虑添加中间层金属，以消除异种材料焊接冶金不相容的问题。例如，在 Al_2O_3 与铜之间加入钼、金属陶瓷、钛及铌等金属作为中间层，有利于减小热应力。图 3-35 所示为接头内应力与中间层种类及厚度的关系。

3.3.1.3　固相扩散焊的技术特点

固相扩散焊可以进行构件内部及多点、大面积的连接，以及电弧可达性不好，或用熔焊方法根本不能实现的连接。可以实现机械加工后的精密装配连接，工件变形很小。适合于活性金属材料、耐热金属材

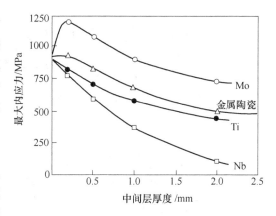

图 3-35　Al_2O_3 与扩散焊铜接头处的内应力与中间层金属厚度的关系

料、陶瓷材料等的连接，特别适合于异种材料的连接，70% 的扩散连接涉及异种材料连接。

然而，固相扩散技术对焊件被连接表面的制备和装配质量的要求较高，特别对接合表面要求严格；焊接加热时间长；生产设备一次性投资较大，且被连接工件的尺寸受到设备的限制，无法进行连续式批量生产。

3.3.2　过渡液相扩散焊

过渡液相扩散焊技术是偶然发明的。1955 年发现在 Ag 钎焊过程中，经过高温长时间保温后，接头中没有检测到 Ag 的存在，并且形成的接头抗剪强度极高。1959 年在应用合金为中间层连接 Ti 时又出现该现象。1961 年有意识地采用了瞬时液相扩散焊的原理连接 Zr 合金和不锈钢，即直接对接在一起，通过原子扩散作用，在界面处生成 Fe-Cr-Ni-Zr 四元低熔点共晶液相，随后冷却凝固形成固态接头。1970 年提出活性扩散连接的概念。1974 年汇总了各种现象并用相图加以理论解释，名称也逐渐统一。1990 年后代技术趋于成熟，应用迅速。

过渡液相扩散焊（transient liquid phase bonding，TLPB）是一类特殊的扩散焊方法，它是在焊接温度条件下界面处形成少量的液相金属，这部分液相金属能够改善固/固界面接触、并加速原子的扩散过程，获得更好的扩散连接效果。由于有液相出现，可以降低焊接的装配精度、减小甚至不需要压力，焊接时间也大大缩短。

3.3.2.1　过渡液相扩散焊的基本原理

过渡液相扩散焊的主要特征是在界面出现少量液相金属并在保温过程中发生等温凝固。液相金属之所以能够发生等温凝固是因为伴随原子扩散过程其成分发生了改变，导致液相金属的熔点不断提高，当熔点达到扩散焊的焊接温度时，伴随原子扩散液相金属发生等温凝固过程，直至液相完全消失。通过原子扩散提高液相金属熔点的方式有两种：一是能够降低液相金属熔点的合金元素（又称降熔元素）由液相扩散到周围固体中；二是能够提高液相金属熔点的合金元素（又称升熔元素）由周围固体向液体金属中扩散，两种液相金属等温凝固过程分别如图 3-36 和图 3-37 所示。

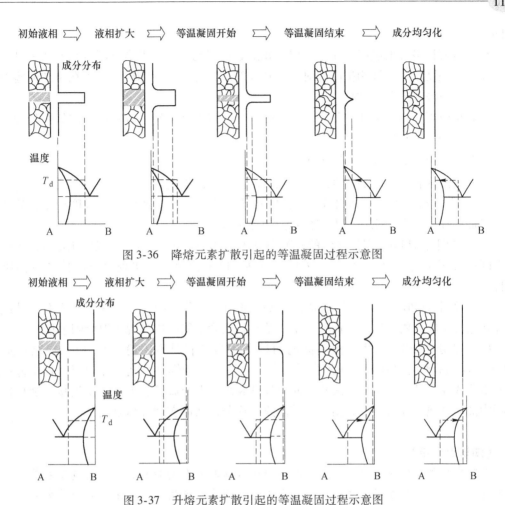

图 3-36 降熔元素扩散引起的等温凝固过程示意图

图 3-37 升熔元素扩散引起的等温凝固过程示意图

3.3.2.2 过渡液相扩散焊的技术参数

A 过渡液相

过渡液相的要求是熔点较低，通常要求低于焊件材料熔点 100℃，以减少焊接加热对焊件材料的影响；与焊件材料的冶金相容好，液相在焊接温度下能对焊件表面良好润湿，润湿角通常要求低于 30°，并且不与焊件形成有害的金属间化合物；等温凝固快，可以较短时间完成凝固过程。

获得合适数量和成分的液相是过渡液相扩散焊的技术关键。液相获得方法主要有两种。一是利用某些异种材料之间可能形成低熔点共晶的特点进行液相扩散连接（又称为共晶反应扩散连接）。将共晶反应扩散连接原理应用于加中间层扩散连接时，液相总量可通过中间层厚度来控制。二是添加特殊钎料，采用与焊件成分接近但含有少量既能降低熔点又能在焊件中快速扩散的元素（如 B、Si、Be 等），用此钎料作为中间层，以箔片或涂层方式加入。与普通钎焊相比，此钎料层厚度较薄，液体钎料凝固是在等温状态下完成，而钎焊时液体钎料是在冷却过程中凝固的。

B 过渡液相扩散焊工艺

过渡液相扩散焊与固相扩散焊的工艺相同，工艺参数相似。主要工艺参数包括温度、时间、压力、气氛等。

液相过渡扩散焊的温度应比中间层金属的熔点高几十度，提高温度有利于元素进行扩散，使接头强度增大。液相扩散焊对工件施加的压力为 0 ~ 1.0MPa。即可在不加或施加很小压力下完成液相扩散焊过程。

液相扩散焊焊件接头在冷凝完成后，必须在一定温度下经过较长时间的扩散处理，才能获得组织均匀的扩散焊接头。

3.3.2.3 过渡液相扩散焊若干新工艺

按照过渡液相扩散焊的技术思路，发展出几个不同工艺形式。

（1）温度梯度 TLPB。利用特殊设计的加热装置在焊件上产生一个温度梯度，从而形成非平面的焊接界面，能够产生结合更强的焊接接头。

（2）宽间隙 TLPB。焊件之间的间隙为 100 ~ 150μm，中间填充可以熔化也可以不熔化的中间层（多层膜或混合粉末）。采用与常规 TLPB 相同工艺实现过渡液体的等温凝固过程。

（3）活性 TLPB。在陶瓷与金属的连接时采用多组分的中间层，其中至少有一种组分在焊接过程中能与陶瓷反应，而另一组分熔化扩散到金属中以实现等温凝固过程。

（4）部分 TLPB。采用熔点不同的两种金属箔（有时也用粉末），以三层结构形式（中间一层为高熔点金属箔，两侧为低熔点金属箔）置于焊件之间。在焊接过程中低熔点组分熔化或发生共晶反应产生液相，润湿焊件和高熔点金属箔，形成液桥连接，随后保温过程中液体金属与高熔点金属箔原子扩散改变成分，从而实现等温凝固过程。

【知识点小结】

电阻焊是利用电流流过焊件产生的电阻热（焦耳）作为热源，将焊件局部加热到塑性或半熔化状态，然后在压力作用下形成焊接接头的焊接方法。一般地，金属的电阻大、导热性差与熔点低则电阻可焊性好。电阻焊按接头形式分为搭接电阻焊和对接电阻焊两种，结合工艺方法则可分为点焊、缝焊和对焊等；按电流或能量的种类大致可分为交流、脉冲及直流三类。

摩擦焊利用焊件表面相互摩擦所产生的热，使端面达到热塑性状态，然后迅速顶锻，完成焊接的一种压焊方法。据焊件相对运动方式，摩擦焊分为旋转摩擦焊、线性摩擦焊、搅拌摩擦焊等，旋转摩擦焊按照驱动与制动方式又分为连续驱动摩擦焊和惯性摩擦焊。搅拌摩擦焊是一种利用第三者工具（搅拌头）与焊件摩擦产热而实现金属固相连接的方法。搅拌摩擦焊主要焊接铝合金，特别是非热处理强化铝合金。超声波焊，又称超声键合，是将超声波振动（频率 10 ~ 75kHz）引入两工件接触面，使其产生侧向相对运动，在一定的法向压力下，工件接触面摩擦生热，当加热至塑性状态时，施加法向压力，工件接触面发生塑性变形，紧密接触而形成键合。

扩散焊是指在一定的温度和压力下，被连接表面相互靠近、相互接触，通过使局部发生微观塑性变形，或通过被连接表面产生的微观液相而扩大被连接表面的物理接触，然后结合层原子之间经过一定时间的相互扩散，形成结合界面可靠连接的过程。固相扩散焊的特征是焊接过程中焊件在焊接前后没有宏观程度的原子流动（塑性变形或液体流动）。固相扩散焊过程可以大致分为两个阶段，物理接触阶段（局部接触、界面接触）和冶金接触阶段（界面消失、空洞消失）。过渡液相扩散焊是一类特殊的扩散焊方法，它是在焊接温度条件下界面处形成少量的液相金属，这部分液相金属能够改善固/固界面接触、并加速原子的扩散过程，获得更好的扩散连接效果。

复习思考题

3-1 试述电阻焊的工艺特点及其分类。

3-2 钢/铝等异种材料摩擦焊接时，如何确定顶锻时机？

3-3 搅拌摩擦焊技术有什么优点和缺点？

3-4 搅拌摩擦焊多适用于铝、镁等熔化温度较低的有色金属连接上，这是因为搅拌头的限制吗？如果搅拌头的性能提高，是否可以用于熔点高、硬度大的材料连接？

3-5 对于搅拌头的磨损，除了提高其耐磨性之外，通过对要焊接部位的预加热来减少搅拌头磨损的方法是否可行？

3-6 铝合金在采用复合搅拌摩擦点焊试验时，随着搅拌头旋转速度增加，所形成焊点的力学性能增加，但是当旋转速度增大到一定值后，随着旋转速度增加，焊点力学性能为什么会下降？

3-7 一般地，异种材料的化学成分和物理性能差异较大，为什么扩散焊特别适合于异种材料的连接？

3-8 异种材料扩散焊接，两种材料扩散系数不同容易产生扩散孔洞，应该怎样消除？

3-9 扩散焊对被连接表面的制备要求较高，现实生产中一般采用哪些表面处理工艺？这些处理工艺的作用分别是什么？

3-10 金属是可以和陶瓷材料连接在一起的，陶瓷材料是否可以通过扩散焊接？

3-11 金属系的扩散可分为体扩散、晶界扩散、表面扩散。晶界扩散和表面扩散的扩散系数大，可是晶界和表面区域的原子数量少。体扩散区域原子数量多，但其扩散系数大。那么，对于扩散焊，原子相互扩散的过程，究竟是以哪种扩散为主？

<table>
<tr><td>**4**</td><td># 钎焊连接技术</td></tr>
</table>

钎焊是利用液体钎料填充到焊件待连接界面的间隙，随后冷却凝固形成接头的材料连接方法。按照加热方式，钎焊分为炉中钎焊、电阻钎焊、浸沾钎焊、火焰钎焊、电弧钎焊、激光钎焊等。本章按照加热方法的分类分别介绍常见的钎焊方法。

钎焊是利用具有较低熔点的金属（钎料）在某温度下熔化成液体，填充到待连接界面的间隙，并随后钎料冷却凝固形成固相接头的材料连接方法。钎焊具有实现连接的温度范围大，焊件的应力和变形小，一次可以完成多个零件，易于实现机械化，可以连接异种金属以及金属与非金属等优点，应用领域十分广泛。

习惯上按照钎焊温度大致分为两类，低于450℃的为软钎焊，高于450℃的为硬钎焊。钎焊温度与所采用的钎焊材料（钎料）的熔点有关，钎焊温度通常比钎料熔点高出 30~50℃，因此，具有较低熔点的锡基合金、铅基合金、锌基合金等为软钎焊钎料，而具有较高熔点的铝基合金、铜基合金、银基合金、金基合金、镍基合金、钛基合金、锰基合金等为硬钎焊钎料，如图 4-1 所示。

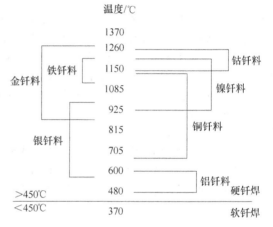

图 4-1　常见钎料的钎焊温度范围

按照钎焊加热热源或加热方法，钎焊分为炉中钎焊、电阻钎焊、浸沾钎焊、火焰钎焊、电弧钎焊、激光钎焊等，如图 4-2 所示，每种加热方式又可以细分成若干不同的工艺。

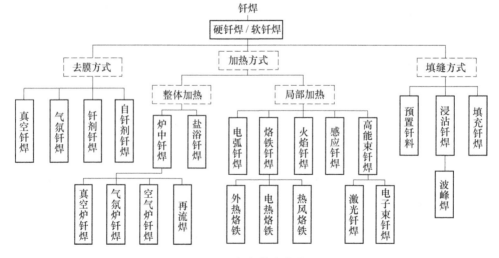

图 4-2　钎焊技术分类

4.1 常 规 钎 焊

4.1.1 炉中钎焊

炉中钎焊始于20世纪20年代初，使用的钎焊设备为可控气氛钎焊炉和低真空炉。相比当时的火焰钎焊，炉中钎焊有很多优点，包括所有接头一次焊成、不需复杂夹具、焊件质量重复性好等，但也存在明显的不足，主要与钎焊炉有关，例如，设备投资大，设备维修麻烦以及能量消耗大等。

4.1.1.1 钎焊炉的类型

A 钎焊炉的加热

钎焊炉可以用火焰加热或电阻丝加热，目前以电阻丝加热为主。电阻丝加热可以通过热电偶进行精确的温度测量和控制。通过在炉体内不同部位布置多个电阻丝和热电偶，分别监测和控制各部位的温度，实现自动控制不同部位的加热功率，能够使加热炉内温度一致。有时也可以在焊件上布置热电偶，以确保焊件的加热温度。

B 钎焊炉的气氛

根据钎焊气氛钎焊炉分为空气钎焊炉、可控气氛钎焊炉和真空钎焊炉。

（1）空气钎焊炉。即把装配好的加有钎料和钎剂的焊件放入普通的工业电炉中加热至钎焊温度。依靠钎剂去除钎焊表面的氧化膜，钎料熔化后流入钎缝间隙，冷凝后形成接头。

（2）可控气氛钎焊炉。钎焊过程中向炉内通入惰性或还原性气氛，炉内的气压略高于大气压，以排出空气和防止空气再次侵入。钎焊常用的惰性气体包括 Ar 和 N_2，还原性气体包括 H_2、NH_3 以及它们与惰性气体的混合气体。

（3）真空钎焊炉。钎焊过程中炉内处于负压状态以减少气氛中的氧含量。根据炉内气压大小，分为低真空钎焊、中真空钎焊和高真空钎焊，根据焊件材料的性质来选择，一般钎焊真空度为 $10^{-2} \sim 10^{-4}$ Pa。

采用高真空炉几乎可以钎焊所有金属及其合金，如铝及其合金、钛及其合金、不锈钢、高温合金以及异种金属，并且钎焊接头光洁、致密，焊后焊件不需清洗；但是设备一次性投资较大，使用和维护费用较高，生产效率低，且不适宜钎焊含有易挥发元素的材料。空气炉和可控气氛炉钎焊的成本低，可以采用钎剂辅助取膜和促进润湿铺展，焊件的冷却速度较快，避免了焊件长时间高温加热产生的晶粒过度长大问题。

C 钎焊送进方式

根据焊件的送进方式，炉中钎焊可以分为连续钎焊、半连续钎焊和批次钎焊。

对于高产量的钎焊加工，常采用连续可控气氛钎焊炉（见图4-3（a））沿传动网带运动方向炉内存在温度由低到高、再由高到低的温度梯度分布，利用连续的传送网带将焊件从钎焊炉中穿过，从而完成一个钎焊热循环（见图4-3（b））。焊件在连续可控气氛钎焊炉的通过速度对其加热和冷却速度有影响。

另有一种称为半连续可控气氛钎焊工艺，在传送线上用门分堵分割，形成一个可控气

(a)

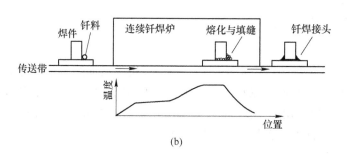

(b)

图4-3　连续可控气氛钎焊炉及其钎焊热循环
（a）连续钎焊炉；（b）钎焊热循环示意图

氛的箱体（见图4-4（a）），一定数量的待焊焊件由进料口进入箱体后，箱体前后两侧的门封闭，密封箱体内控制气氛和钎焊加热循环（见图4-4（b）），钎焊完成后，已钎焊焊件由密封箱的出料口被送出密封箱，新一批待焊焊件由进料口送进可控气氛箱内，重复上一个钎焊过程。

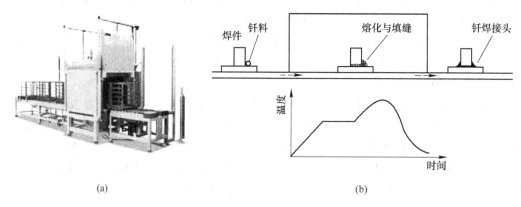

(a)　　　　　　　　　　　　　　　　　　　(b)

图4-4　半连续可控气氛钎焊炉示意图
（a）半连续钎焊炉；（b）钎焊热循环示意图

　　与连续钎焊相对的是批次钎焊，批次钎焊是指将一定数量的焊件放入钎焊炉内，关闭炉门，加热到钎焊温度后冷却。钎焊结束后取出焊件，再放入另一批焊件。批次钎焊适用于中、小产量的钎焊操作。图4-5为批次钎焊炉。批次气氛炉可以视为是将半连续箱型炉的进料口和出料口合并成一个炉门而构成的。绝大多数的真空钎焊炉都采用批次炉。考虑到真空下冷却问题，真空炉每次钎焊的数量通常需要限制。为了提高冷却速度，有时采用在冷却过程中回充惰性气体。许多真空钎焊炉采用冷壁设计，即炉体内壁安装有循环水系统，如图4-6所示。

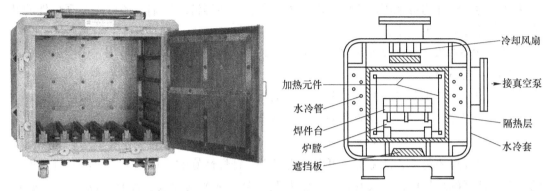

图 4-5　批次钎焊炉　　　　　图 4-6　典型的冷壁真空钎焊炉的剖面示意图

4.1.1.2　炉中钎焊的工艺

炉中钎焊利用电阻炉来加热焊件。按钎焊过程中钎焊区的气氛组成可分为三大类，即空气炉中钎焊、保护气氛炉中钎焊和真空炉中钎焊。

A　空气炉中钎焊

空气炉中钎焊依靠钎剂去除焊件和钎料表面的氧化膜，并保护它们免受空气的再次污染。钎剂以水溶液或膏状使用最方便，一般是在焊件放入炉中前涂在钎焊处。对于腐蚀性较强的钎剂应待焊件加热到接近钎焊温度后再涂。空气炉钎焊需用的设备简单通用，成本较低。不足在于需要使用过多的钎剂，释放有害气体，焊件焊后需要清洗，受钎剂的限制，有些活性材料不能钎焊或钎焊接头强度不高。

B　可控气氛炉中钎焊

可控气氛钎焊炉由供气系统、钎焊炉和温度控制等装置组成。钎焊加热时外界空气中的渗入、器壁和零件表面吸附气体的释放、氧化物的分解或还原等，将导致炉内气氛中氧、水汽等杂质增多。另外，若保护气氛处于静止状态，气体介质与零件表面氧化膜反应的结果，使有害杂质可能在焊件表面形成局部聚积，去膜过程将中止、甚至逆转为氧化。因此，在钎焊加热的全过程中，应连续地向炉中容器内送入新鲜的保护气体，排出其中已混杂了的气体，使焊件在流动的纯净的保护气氛中完成钎焊。这是保持钎焊区保护气体高纯度的需要，也是使炉内气氛对炉外大气保持一定的残余压力，阻止空气渗入的需要。当采用氢作为还原气体时需要对排出的氢在出气管口点火烧掉，以消除它在炉旁积聚、爆炸的危险。钎焊结束断电后，应等炉中或容器中的温度降至150℃以下，再停止输送保护气体。这是为了保护加热元件和焊件不被氧化。对于氢气来说也是为了防止爆炸。保护气氛炉中钎焊时，不能满足于通过检测炉温来控制加热，必须直接监测焊件的温度，对于大件或复杂结构，还必须监测其多点的温度。

C　真空炉中钎焊

真空炉中钎焊过程不使用钎剂和还原性气体。真空可以彻底清除钎焊界面的界面吸附物和残留气体，适用于钎焊包括钛、锆、铌、钼和钽等对大气敏感的材料，以及复合材料、陶瓷、石墨、玻璃、金刚石等非金属材料。真空系统还有利于排除金属在钎焊温度下释放出来的挥发性气体和杂质，对带有狭窄沟槽、极小过渡台、盲孔的部件和封闭容器，形状复杂的零组件均可采用，不仅可以避免气孔、夹杂等钎缝缺陷，还可以提高焊件的性能。真空钎焊的不足在于：

（1）含易挥发元素的基本金属和钎料不宜使用真空钎焊。如确需使用，则应采用相应的复杂的工艺措施。

（2）真空钎焊对钎焊零件表面粗糙度、装配质量、配合公差等的影响比较敏感。

（3）真空设备复杂，一次性投资大，维修费用高。

4.1.1.3　材料钎焊性及应用举例

从炉中钎焊的角度，常见材料可以分为三类，钎焊性好的、钎焊性中等的和钎焊性差的。钎焊性好的材料包括镍及其合金、铜及其合金、钴及其合金、普通钢以及贵金属等；钎焊性中等的金属材料包括铸铁、铝及其合金、钨及其合金、钼及其合金、钽及其合金，以及难熔合金、碳化钨等；钎焊性差的金属材料包括不锈钢、钛及其合金、锆及其合金、铍及其合金，以及碳化钛等。

实际钎焊时还应该关注焊件材料的线膨胀系数，特别是异种材料钎焊时，两种材料的线膨胀系数的差异将导致装配间隙在钎焊加热过程中变大或变小，甚至闭合，从而导致钎焊质量不理想。此外，还需要考虑在钎焊温度下金属材料的化学活性以及由此导致的表面清洁问题。

A　铝合金钎焊

汽车制造中广泛应用到钎焊技术，特别是用于铝散热器管-翅和管-头的连接，如图4-7所示。散热器芯板上预置钎料，在钎焊温度下钎料熔化流入装配间隙形成钎焊接头。早期这种铝散热器的钎焊需要在真空炉中进行，因为铝的化学活性大、表面氧化膜稳定而且致密。随着铝钎焊技术的发展，目前不需要真空环境也可以获得良好的钎焊接头。在惰性气体甚至大气环境下，使用奥肯公司（Alcan Corporation）发明的 Nocolok 焊剂可以有效地去除铝表面氧化膜，而且这种氟化物型的焊剂常温下对铝合金几乎不具有腐蚀性，因此钎焊接头通常不需要清理。铝合金采用真空炉和可控气氛炉钎焊工艺对照见表4-1。

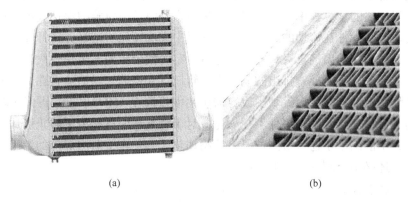

(a) (b)

图 4-7　钎焊制造的汽车用铝散热器

（a）汽车用铝散热器；（b）局部放大

表4-1　铝合金真空钎焊和可控气氛钎焊工艺对比

	可控气氛钎焊	真空钎焊
去氧化膜	钎剂对 Al_2O_3 的化学反应和溶解	氧化铝开裂、Mg 蒸汽的还原反应
典型工艺	钎剂量：$2 \sim 5$ g/m² 加热速度：$> 20℃$/min 氮气氛：含氧量 < 100 ppm 露点：$< -40℃$ 装配间隙：$\leqslant 0.15$ mm	合金成分：需要一定的 Mg 含量 真空度：$< 10^6$ Pa 装配间隙：$0.05 \sim 0.10$ mm 焊件表面：要求高清洁度

B　陶瓷钎焊

炉中钎焊除了能够钎焊金属焊件，还可以焊接陶瓷焊件（见图4-8）。与金属材料相比，陶瓷（如 Al_2O_3、SiC）材料的钎焊性较差，需要特殊处理以改善钎焊性。常用的方法是在钎焊之前，在焊件待焊表面进行金属化处理，例如通过烧结方法或者气相沉积方法在陶瓷表面形成金属膜层，随后采用常规的钎焊方法进行钎焊。还有一种

图4-8　钎焊制备的陶瓷与金属组件

钎焊工艺（称作活性钎焊）不需要预先对陶瓷表面金属化处理。活性钎焊即使用活性钎料的钎焊，在钎焊过程中活性钎料中含有的活性元素（Ti、Zr 等）能够与陶瓷发生反应，从而促进液体钎料在陶瓷表面的润湿铺展。由于石墨在较低的温度（400℃）下就发生氧化，因此石墨的炉中钎焊除了表面金属化处理以改善液体钎料的润湿性之外，还必须控制炉中的气氛，最好采用真空炉钎焊，或者采用高纯的惰性气氛炉钎焊。

4.1.2　浸沾钎焊

浸沾钎焊是把焊件局部或整体地入盐混合物熔液或钎料熔液中，依靠这些液体介质的热量实现钎焊的一类材料连接方法。浸沾钎焊的特点是加热迅速，生产率高，液态介质保护零件不受氧化，有时还能同时完成淬火等热处理过程，适合批量生产。浸沾钎焊分为盐浴浸沾钎焊和液体钎料浸沾钎焊。

4.1.2.1　盐浴钎焊

A　熔盐组成

盐浴钎焊的焊件加热和保护都是靠熔盐实现，因此，盐混合物的成分选择对其影响很大。钎焊熔盐的基本要求包括：

（1）合适的熔点。熔点低于钎焊温度，在钎焊温度下具有良好的流动性，能润湿焊件和钎料。

（2）良好的化学惰性。钎焊温度下不熔蚀焊件，不与焊件材料化学反应，能隔离大气，对焊件有保护作用。

（3）良好的热稳定性。在钎焊温度下能长期稳定存在，挥发和分解很小，成分和性能

稳定。

钎焊熔盐一般多使用氯盐的混合物，表4-2列出了铜基和银基钎料钎焊钢、合金钢、铜及铜合金和高温合金的常用熔盐组成。在这些盐熔液中浸沾钎焊时，需要使用钎剂去除氧化膜。为了保证钎焊质量，在使用中必须定期检查盐熔液的组成及杂质含量并加以调整。

表4-2　钎焊常用盐浴的组成与熔点

成分（质量分数）/%				t_m/℃	t_B/℃
NaCl	CaCl$_2$	BaCl$_2$	KCl		
30	—	65	5	510	570～900
22	48	30	—	435	485～900
22	—	48	30	550	605～900
—	50	50	—	595	655～900
22.5	77.6	—	—	635	665～1300
—	—	100	—	962	1000～1300

B　熔盐设备

盐浴钎焊的基本设备是盐浴炉。根据盐浴炉加热方式，分为外热式和内热式两种。

（1）外热式。将装有混合盐的浴槽（坩埚）放入电阻炉内，设定电阻炉的温度并保温，将混合盐加热熔化至钎焊温度。盐浴坩埚通常选石墨或刚玉。受电阻炉容积的限制，熔盐的数量较少，外热式盐浴炉一般用于实验室熔盐钎焊。

（2）内热式。内热式盐浴炉又称电极盐浴炉，由电极、耐火炉衬、密封金属炉罐、绝热层和炉壳构成。开炉时先向启动电极送电，利用启动电极的电阻发热使一部分盐先熔化，然后接通主电极使电流通过熔盐发热工作维持温度（见图4-9）。盐浴温度依盐液成分而不同，一般在150～1300℃之间。内热式盐浴炉容积大，广泛用于工业盐浴钎焊。

图4-9　内热式盐浴炉

C　盐浴钎焊技术特点

焊件在浸入熔盐之前需要固定，可以采用点焊或机械夹持方法。钎料安置在待焊处，焊料的形状与待焊接头形式相适应，可以是片、环等。钎焊接头尽可能设计为搭接形式，搭接的长度大约是较薄焊件厚度的2倍。待焊接头的间隙应根据钎料的润湿角选择，以保证钎焊条件下液体钎料顺利润湿铺展，参照钎料铺展试验结果制定。另外，设计时应考虑液体钎剂流入和流出钎焊间隙，为此预留两个或多个开口，避免盲孔。

放入盐浴前，为了去除水分及均匀加热，装配好的工件要进行预热。去除水分预热温度为120~150℃；减小工件进入时盐浴温度的下降，缩短钎焊时间，则预热温度适当提高。钎焊时，工件通常以某一角度倾斜浸入盐浴，以免空气被堵塞而阻碍盐液流入，造成漏钎。钎焊结束后，工件也应以一定角度取出，以便盐液流出，但倾角不能过大，以免前未凝固的钎料流积或流失。图4-10为盐浴钎焊过程示意图。

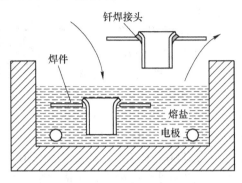

图4-10　盐浴钎焊过程示意图

盐浴钎焊最大优点是由于盐浴槽的热容量很大，工件升温的速度极快并且加热均匀，特别是钎焊温度可作精密控制，有时甚至可在比焊件固相线只低2~3℃的条件下钎焊。生产效率高，焊件变形小、焊件热损伤小。此外，无特殊情况不需另加钎剂。但是由于熔盐、钎料及钎剂在钎焊加热过程中会挥发出有毒有害气体，必须采取有效的通风措施进行排除。焊件焊后也需要清洗。这些废气和废水易引起环境污染，使得盐浴钎焊的应用越来越少。

4.1.2.2　液体钎料浸沾钎焊

液体钎料浸沾钎焊，又称金属浴钎焊，是将经过表面清理并装配好的焊件进行钎剂处理，然后浸入熔化的钎料中。熔化的钎料把零件钎焊处加热到钎焊温度，同时渗入钎缝间隙中，并在焊件提起时保持在间隙内凝固形成接头。

A　钎剂处理

钎焊件的钎剂处理有两种方式：一种方式是将钎焊件先浸在熔化的钎剂中，然后再浸入熔化钎料中；另一种方式是熔化的钎料表面覆盖有一层钎剂，焊件浸入时先接触钎剂再接触熔化的钎料。前种方式适用于在熔化状态下不显著氧化的钎料。如果钎料在熔化状态下氧化严重，则必须采用后一种方式。同时后一种方式装配比较容易（不必安放钎料），生产率高。特别适合于钎缝多而复杂的工件，如散热器等，其缺点是工件表面粘连钎料，增加了钎料的消耗量，必要时焊件表面涂敷阻焊剂。

由于钎料表面的氧化和焊件的溶解，熔态钎料成分容易发生变化，需要不断的检测，及时补充和调整钎料。

B　应用

液体钎料浸沾特别适合钎焊诸如蜂窝式换热器、电机电枢、汽车水箱等密集钎缝零部件（见图4-11），另一个重要应用领域是电子器件与电路板的钎焊，相关内容详见5.3.1节。

4.1.3　火焰钎焊

火焰钎焊通常采用天然气、乙炔、液化石油气、氢等与氧或空气混合气体的燃烧作为热源。火焰焊采用焊炬。使用化学钎剂以减少氧化及帮助填充金属流动（润湿）。使用钎剂焊后需要清理。

（1）钎焊用火焰。常用燃烧气体有乙炔、丙烷（或液化石油气——多种烷的混合物），助燃气体为氧气。氧-乙炔火焰的最高温度与两气体的比例有关，氧化焰为 3100 ~ 3300℃，

图 4-11　铝换热器的浸沾钎焊

中性焰为 2800 ~ 3150℃，还原焰为 2700 ~ 3000℃。每一种火焰从长度方向上看在内焰前部近三分之一处温度最高，从横向断面看，中心温度最高。另外火焰的温度还与混合气体的喷射速度（流量或称功率）有关，喷射速度越大，则火焰温度越高。

还原焰由于内焰较长，温度较柔和，加热面积较大，内焰中乙炔未完全燃烧，具有 CO 和 H_2，对金属表面能起一定的还原和保护作用，故一般情况下，钎焊火焰采用还原焰。根据焊件材料和尺寸调整火焰功率（气流量）。

（2）钎剂。火焰钎焊一般都需要钎剂（自钎剂钎料除外）。钎剂的选择首先需要与钎料相匹配，其次，火焰用钎剂与炉中钎焊钎剂不同，火焰钎焊温度高、加热速度和冷却速度快，钎剂需要较高的活性。表 4-3 给出了常用火焰钎焊的钎料与钎剂。

表 4-3　火焰钎焊用钎料与钎剂

接头母材	焊料	焊剂	备注
紫铜与紫铜	QJY-2B、TS-2P	—	自钎剂焊料
紫铜、黄铜与黄铜	QJY-2B、BCu91PAg	L88 或 FB102	
	QGY-30A、BAg30CuZnSn	FB102	
紫铜、黄铜、钢与钢	QGY-30A、BAg30CuZnSn	FB102	
紫铜、黄铜、钢、不锈钢与不锈钢	QGY-30A、BAg30CuZnSn	FB102	
	BAg25CuZn、TS-45Z		
钢与钢	H62、丝 221	L88、硼砂、铜焊粉	

注：母材不能采用含铅黄铜。

（3）装配。焊件的装配间隙对钎料液体的毛细铺展有影响，液体钎料的铺展性越好装配间隙相应小些。需要指出，液体钎料在沿间隙流动的过程中会与焊件发生溶解和原子扩散作用，导致其成分发生变化，使液体钎料流动性变差，会影响钎料的进一步填缝。装配间隙太大不但浪费钎料，而且会降低钎焊接头强度。火焰钎焊的焊件的装配间隙一般为 0.05 ~ 0.20mm。

（4）钎料。火焰钎焊填充钎料有两种方式，一是像炉中钎焊一样将钎料预置在待焊部位，只需用火焰加热使之熔化而流动填充缝隙；另外一种是采用钎料棒（丝），通过手工或自动送进方式将焊丝端部深入到火焰中，火焰在加热焊件的同时将焊丝端部熔化流入装配缝隙。两种填充钎料的火焰钎焊方法如图 4-12 所示。

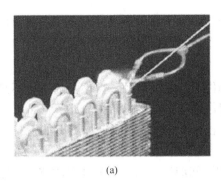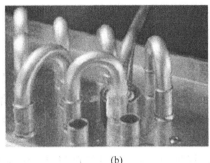

(a)   (b)

图 4-12　两种填充钎料的火焰钎焊

(a) 填充钎料丝；(b) 预置钎料

（5）火焰钎焊的技术特点。火焰钎焊应用很广。它通用性大，工艺过程较简单，又能保证必要的钎焊质量；所用设备简单轻便，又容易自制；燃气来源广，不依赖电力供应。其主要用于铜基钎料、银基钎料钎焊碳钢、低合金钢、不锈钢、铜及铜合金薄壁和小型焊件，也用于铝基钎料钎焊铝及铝合金。

火焰钎焊的缺点表现为手工操作时加热温度难掌握，因此要求工人有较高的技术；另外，火焰钎焊是一个局部加热过程，可能在焊件中引起应力或变形。

4.2　特 种 钎 焊

4.2.1　电阻钎焊

电阻钎焊是利用电流流过焊件产生的热使钎料熔化并流动填缝，形成钎焊接头的方法。按照电流引入方式，分为通电电阻钎焊和感应电阻钎焊。

4.2.1.1　通电电阻钎焊

通电电阻钎焊，或简称电阻钎焊，是通过两电极将电流引入焊件（两个或一个），电极和焊件上产生的电阻热将钎料熔化、流动填缝形成钎焊接头。焊件待焊部位和钎料加热的热量的来源取决于电极与焊件材料各自的电阻率、电极几何尺寸等。由此产生两种电阻钎焊工艺。焊件材料的导电性高，选用导电性相对较低的材料做电极（如钨电极或石墨电极），电阻热主要由电极产生，这些热量通过焊件传导到钎料而使钎料熔化。当焊件材料的导电性低时，使用高导电率的电极（水冷铜），电阻热将主要产生在电极/焊件的界面处。

另外，电极与焊件的常用装配有不同的形式。电极与焊件的布置有两种基本方式，如图 4-13 所示。采用直接加热装配形式时电阻热同时加热两焊件；当采用间接加热装配形式时电阻热只加热一个焊件，另一个焊

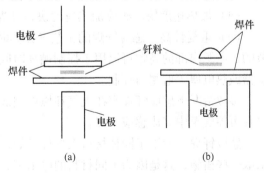

(a)   (b)

图 4-13　电阻焊装配示意图

(a) 直接加热；(b) 间接加热

件依靠热传导加热。间接加热装配形式适用于其中一个焊件的尺寸较小、对热和压力敏感的情况。电阻钎焊可以采用手动，也可以是自动化，根据焊件的产量确定。

4.2.1.2 感应电阻钎焊

感应电阻钎焊，通常称为感应钎焊，是焊件不与电极接触，焊件上的电流不是通过电极传导的，而是焊件置于交变的电磁场中，焊件感应磁场变化而在内部产生涡流（感应电流）（见图 4-14），从而产生电阻热将钎料熔化完成填缝。感应钎焊具有如下特点，选择加热、加热速度快、接头质量好等。

（1）选择加热。感应钎焊可以针对很小的区间加热，而不影响加热的效果。保证只需要钎焊接头部位进行加热。其余部位则不受到加热作用，可以减少加热对焊件的影响。对于高温合金的钎焊尤为重要。通过线圈设计和布置，可以在焊件各处获得不同的加热效果（见图 4-15）。

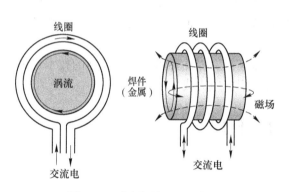

图 4-14　感应加热原理示意图

图 4-15　密集管道的感应钎焊

（2）钎焊接头质量高。由于感应加热可以选择性加热，因此可以避免钎焊过程中液体钎料流到不该流入的地方，而不需要采用阻焊剂等物质，提供一个精密、洁净的钎焊接头。

（3）氧化小。火焰加热高温焊件与大气接触造成表面氧化，真空炉钎焊可以避免氧化，但存在尺寸限制、效率低以及热循环控制差等，感应钎焊不仅降低氧化而且不需清洗，特别是当焊件需要钎焊后快冷时优势更为明显。

（4）加热速度快。感应加热速度快，钎焊热循环时间短，热量利用率高。

（5）重复性高。感应钎焊的工艺参数如时间、温度、夹具、位置等都是容易控制和调节的、电源内部的高频可以用于控制循环时间，焊件温度可以用高温温度计、可见温度传感器或热电偶等监测与控制。

多数情况下感应钎焊都在大气环境下完成的。为了获得完全清洁和无氧化的焊件也可以在可控气氛中完成感应钎焊。

感应钎焊一般用于同种材料大焊件钎焊，异种材料焊件也可以采用感性钎焊，但必须采取一些措施，这是因为不同材料的电阻率、磁导率和热膨胀系数是不同的。

感应钎焊可将同种或不同材料的零件焊接起来，节约材料，满足各种需要。适用于钢、铜、镍、特种合金等各种磁性材料的焊接。感应钎焊接头的强度高，变形小，综合机械性能优于其他焊接连接。

4.2.2 电弧钎焊

电弧钎焊可以分为气体金属弧（GMA）钎焊和气体钨弧（GTA）钎焊。按照采用的钎料丝不同可以分成不同的电弧钎焊工艺。

（1）GMA 电弧钎焊。电弧钎焊与电弧焊基本原理相似，只不过将电弧焊使用的焊料换成熔点较低的钎料，焊接工艺参数并作相应调整。GMA 电弧钎焊的送丝装置将钎料丝引导至焊炬。送丝装置可以采用推丝或推拉丝，由于钎料丝相对焊丝更软，送丝轮的压力和送丝长度都不宜过大。最好采用四轮驱动送丝机构，如图 4-16 所示。采用摩擦系数小的塑料导管和水冷焊枪以降低送丝的阻力。

图 4-16 四轮驱动送丝机构

电弧钎焊采用常规的具有平特性的直流电源。最好采用脉冲电弧和短弧操作。由于电弧钎焊所用的电流小，需要对焊机工艺参数精确调节。

采用 GMA 电弧钎焊镀锌钢板时，焊炬略后倾（倾角 10°~20°），这样可以减少镀锌层产生过多蒸汽，以及避免蒸汽进入电弧区，以保证电弧稳定和焊嘴保持清洁。由于电弧具有清洁的作用，电弧钎焊一般不需要另加钎料。偶尔使电弧移向钎缝金属这样可以避免电弧直接加热焊件，可以减少镀锌层的消耗，并减少钎缝金属中的铁含量。依据焊件厚度焊接电流取 50~120A，并采用短弧施焊。

（2）GTAW 钎焊。与 GTAW 电弧焊一样，GTAW 电弧钎焊的电弧也是作用在钨极与焊件之间。钎料丝通过手工送进或采用送丝机自动送进。采用下降特性的直流电源，并且要精确调节其参数。与 GMAW 电弧钎焊不同，GTAW 电弧钎焊的焊炬适当后倾。电弧应该更多地直接作用在钎料熔池中。

（3）等离子弧钎焊。等离子弧钎焊采用具有下降特性直流电源或脉冲电源。为了提高钎料丝的填充速度（钎焊速度），可以采用热丝技术（参见图 2-8）。

电弧钎焊用填充材料（钎料丝）包括铜钎丝、锡钎焊丝和铝钎焊丝等。铜基合金（铜钎焊）是最常应用的电弧钎焊材料。钎焊镀锌钢板常用硅铜钎料丝 SG-CuSi，钎焊镀铝钢板用铝铜钎料更合适。这两种钎焊材料的熔点略高于 1000℃，都显著低于钢板的熔点。为了改善钎焊性能和扩大电弧钎焊应用范围，开发了一些高锡含量（10%）的锡铜钎料丝、含锰硅铜钎料和含镍铝铜钎料等。电弧钎焊焊丝的直径范围为 0.8~1.2mm，最常用的焊丝直径是 1.0mm。

GTAW 电弧钎焊使用惰性气体（通常是 Ar），GMAW 电弧钎焊可以采用在惰性气体中添加少量活性气体，对于硅铜焊丝可以在 Ar 中添加 2.5% CO_2、1% O_2 或 2% N_2。

4.2.3　激光钎焊

激光钎焊是利用激光束加热熔化焊丝实现液体金属流动填缝的。钎焊丝通过送丝机构送到钎焊区，如图4-17所示。有时将钎焊材料（如薄板带）预置在装配间隙里。激光焊束钎焊常用卷边对接接头与搭接接头（见图4-18）。

在非常低的焊接热输入下可以实现每分钟数米的高速焊接速度。焊件的变形很小。钎缝外观光滑，焊后几乎无需任何表面处理，如图4-19所示。

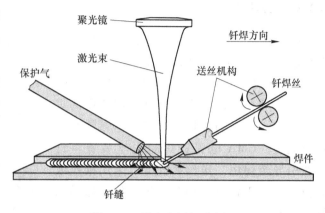

图4-17　激光束钎焊示意图

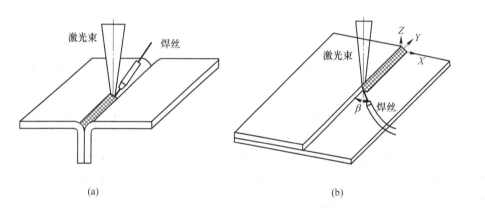

(a)　　　　　　　　　　　(b)

图4-18　激光钎焊常用焊件装配形式
（a）卷对接接头；（b）搭接接头

激光钎焊工艺典型工艺参数为：激光功率2～4kW，斑点直径1.5～3mm，工作距离150～250mm。Nb：YAG激光和二极管激光都可以满足要求。目前广泛使用的是Nb：YAG激光，二极管激光的应用也正在扩大。

由于激光束钎焊的焊接速度快，因此适合采用焊接机器人操作。为了进一步提高钎焊填充速度可以采用热丝工艺。在焊件表面预涂一层合适的钎剂可以提高铝合金表面激光吸收率。

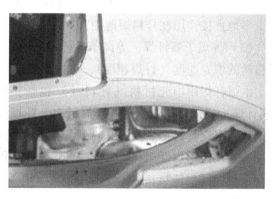

图4-19　Audi A3 2012汽车车顶的激光钎缝外观

目前应用激光束钎焊主要是连接铝与其他材料的连接，特别是铝和钢的连接。激光束在铝与镀锌钢板钎焊连接方面被证明是低成本、高可靠的连接方法。

4.3 熔 钎 焊

熔钎焊是在熔点差别较大的异种材料焊接时，低熔点材料在焊接过程中受热熔合，而高熔点材料在焊接过程中始终保持固态，因此焊接接头在低熔点材料一侧为熔焊而在高熔点一侧为钎焊的焊接方法。

熔钎焊在铝与其他高熔点金属，如钢、钛合金等异种金属连接时经常用到，用于制造航空航天及交通运输中的轻型结构。

4.3.1 熔钎焊概述

4.3.1.1 熔钎焊的技术类型

（1）根据焊件材料的类型，目前研究和应用较多的是铝/钢熔钎焊和铝/钛熔钎焊；按照接头的形式分为对接熔钎焊和搭接熔钎焊。图4-20为典型的熔钎焊接头形式。

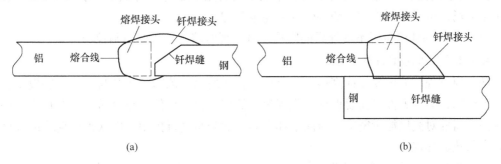

图4-20 典型的熔钎焊接头形式

(a) 对接熔钎焊接头；(b) 搭接熔钎焊接头

（2）根据有无填丝分为不填丝熔钎焊和填丝熔钎焊；填充钎料的使用可以更好地弥补搭接接触面积不足，调节钎焊温度更为容易。填丝材料可以与铝焊件相同或成分相近的 Al 基钎料。

（3）根据有无钎剂分为无钎剂熔钎焊和有钎剂熔钎焊。

（4）根据热源的种类，熔钎焊方法主要有激光熔钎焊、电弧熔钎焊以及激光-电弧复合熔钎焊，电弧熔钎焊又可进一步分为 GTAW 熔钎焊、GMAW 熔钎焊和等离子弧熔钎焊等。

4.3.1.2 熔钎焊的技术特点

熔钎焊同时具有熔化焊和钎焊两种不同的连接机制，如何在焊接过程准确控制不同区域连接温度，同时实现这两种连接机制，获得优良焊缝成型，是熔钎焊工艺的关键。

在铝合金/钢异种金属熔钎焊焊接过程中，填充金属对钢板的润湿程度决定着接头成型，从而影响接头的力学性能。在确定填充材料下，焊接热过程是决定钢一侧钎焊界面金属间 Fe-Al 化合物形态、结构和分布的关键因素，而金属间化合物的形态、结构和分布又是决定接头性能的决定性因素。控制钎焊界面处金属间化合物的形态和结构是提高熔钎焊接头性能的关键。

界面处金属间化合物层实质是 Al-Fe（或 Al-Ti）扩散反应的产物，其反应过程的时间非常短，在金属间化合物生长的初始阶段尚能保持较好的力学性能，但是随着其继续长大，接头的力学性能迅速下降。为了抑制两种金属的相互扩散，可以采取两个方面的措施：一方面控制热输入，减少接头高温停留时间；另一方面在钢（钛）表面镀一层与铝相容的过渡金属，如 Ni、Cu、Zn、Ag 等。

4.3.2 激光熔钎焊

激光焊焊接过程中可以精确地控制焊接热输入和加热区域，从而可以有效控制接头中钎焊界面反应，实现异种金属的熔钎焊。

4.3.2.1 激光熔钎焊的特点

（1）激光极快的加热与冷却速度，可有效减少钎焊接头的液态金属与固态金属的相互作用时间，大大降低金属间化合物的长大倾向。

（2）激光光斑可调制成各种形状，采用不同的能量配比及光束间距可更为有效地控制焊接温度场，可以精确地调整两种焊件的能量分配。

（3）激光的加热位置不受外界的影响，可实现对熔化位置的精确控制。

4.3.2.2 激光熔钎焊类型

熔钎焊过程一方面要保证高熔点合金处于合适的温度范围内使其与液态钎料发生合适的相互作用，另一方面又需要保证填充焊丝与低熔点合金焊件能充分熔化，获得优良的焊缝成型。需要对光斑能量密度在时间上和空间上的分布进行控制，以获得所期望的温度空间分布与热循环规律。

（1）时间上，主要是通过改变焊接速度、激光功率和光束的偏移量来实现；

（2）空间上，主要是通过改变光斑的尺寸和形状，采用散焦的圆形光斑和聚焦的矩形光斑两种光斑形式来实现。

4.3.2.3 激光熔钎焊的工艺参数

（1）激光功率。激光功率决定了焊接热输入的大小，对焊缝成型和界面金属间化合物有重要影响。激光功率小，有利于控制热输入和界面金属间化合物的厚度，但是产生的液体数量少，焊件表面温度低，不利于液体钎料铺展和焊缝成型，同时对焊件装配精度要求较高；反之，采用大的激光功率和激光斑点，则界面金属间化合物较厚，接头性能降低。

（2）焊接速度与送丝速度。送丝速度和焊接速度的匹配，决定了接头的填充金属量。焊接速度对焊缝上表面的光滑度影响比较大。在激光功率一定的条件下，随着焊接速度的增加，单位时间的热输入降低，焊缝表面的光滑程度提高，但焊缝背面液态钎料的润湿铺展能力减弱。一般情况下，欲保证焊缝背面足够的润湿能力，焊接线能量（激光功率与焊接速度的比值）应控制在 $150 \sim 280 \mathrm{kJ/m}$ 之间。

（3）对接间隙。激光熔钎焊过程，热源在金属表面局部快速加热，液态钎料停留的时间短、厚度方向温度梯度大，毛细作用难以实现。为此，对接接头的激光熔钎焊过程必须采用较大的坡口，以促进液态钎料对接头底部的润湿铺展。

（4）送丝方式。激光熔钎焊分为后送丝和前送丝两种形式。前送丝时焊丝填充的方向与液态钎料流动方向一致，焊接过程的稳定性较好；后送丝时焊件可以受热升温，有利于促进液体钎料的润湿铺展。

（5）光束角度与偏移量。为了提高液态钎料的润湿铺展能力，改进激光束的入射角度，将光束倾斜入射到工件表面，在工件的表面形成一个椭圆的光斑，椭圆的长轴与焊接方向保持一致，以增加加热面积。激光束的倾斜角度约60°，焊丝与焊接方向夹角约30°。光束的偏移量是激光熔钎焊首先要确定的参数，光束一般需向铝合金一侧做适当的偏移。

（6）单光束与双光束。根据光束的数量分为单光束激光熔钎焊和双光束激光熔钎焊。双光束相对于单光束，可以更有效地控制熔池流动，通过对钢板的预热提高了液态金属的润湿铺展能力。

【知识点小结】

按照钎焊温度，钎焊分为两大类，低于450℃的为软钎焊，高于450℃的为硬钎焊。按照钎焊加热热源或加热方法，钎焊分为炉中钎焊、电阻钎焊、浸沾钎焊、火焰钎焊、电弧钎焊、激光钎焊等。根据钎焊气氛，钎焊炉分为空气钎焊炉、可控气氛钎焊炉和真空钎焊炉。

浸沾钎焊是把焊件局部或整体地浸入盐混合物熔液或钎料熔液中，依靠这些液体介质的热量实现钎焊的一类材料连接方法。浸沾钎焊的特点是加热迅速，生产率高，液态介质保护零件不受氧化，有时还能同时完成淬火等热处理过程，适合批量生产。浸沾钎焊分为盐浴浸沾钎焊和液体钎料浸沾钎焊。

火焰钎焊通常采用天然气、乙炔、液化石油气、氢等与氧或空气混合气体的燃烧作为热源。火焰焊采用焊炬。使用化学钎剂以减少氧化及帮助填充金属流动（润湿）。使用钎剂焊后需要清理。

电阻钎焊是利用电流流过焊件产生的热使钎料熔化并流动填缝，形成钎焊接头的方法。按照电流引入方式，分为通电电阻钎焊和感应电阻钎焊。通电电阻钎焊，或简称电阻钎焊，是通过两电极将电流引入焊件（两个或一个），电极和焊件上产生的电阻热将钎料熔化、流动填缝形成钎焊接头。感应电阻钎焊，通常称为感应钎焊，是焊件不与电极接触，焊件通过感应磁场变化而产生涡流，涡流的焦耳热加热焊件和钎料，最终完成钎焊过程。

电弧钎焊与电弧焊基本原理相似，只不过将电弧焊使用的焊料换成熔点较低的钎料，焊接工艺参数并作相应调整。激光钎焊是利用激光束加热熔化焊丝实现液体金属流动填缝的。钎焊丝通过送丝机构送到钎焊区，有时将钎焊材料（如薄板带）预置在装配间隙里。

熔钎焊是在熔点差别较大的异种材料焊接时，低熔点材料在焊接过程中受热熔合，而高熔点材料在焊接过程中始终保持固态，因此焊接接头在低熔点材料一侧为熔焊而在高熔点一侧为钎焊的焊接方法。熔钎焊在铝与其他高熔点金属，如钢、钛合金等异种金属连接时经常用到，用于制造航空航天及交通运输中的轻型结构。

复习思考题

4-1　什么是硬钎焊，什么是软钎焊？

4-2　钎焊与液相扩散焊有哪些异同？

4-3　对于实际焊件如何选择采用空气炉、可控气氛炉或真空炉进行钎焊？

4-4　对比说明盐浴浸沾钎焊与液体钎料浸沾钎焊的技术特点。

4-5　氧乙炔火焰钎焊与 GTAW 钎焊有哪些异同？

4-6　GMAW 钎焊与 GMAW 焊接工艺参数有何不同？

4-7　激光钎焊、激光焊、激光切割等工艺所采用的激光有何不同？

4-8　什么是熔钎焊？

4-9　激光熔钎焊在焊接钢/铝异种材料时，为什么激光光束要向铝合金一侧做适当偏移？固态母（钢）材不是也要保持高温吗？

4-10　使用激光熔钎焊实现钢/铝异种金属的焊接对钎剂有怎样的要求？

4-11　铝钢焊接时既可以用激光钎焊，也可以用激光熔钎焊，这两者有何区别，各有什么优缺点？

5 微连接技术

微连接技术是随着微电子技术的发展而逐渐形成的新兴的焊接技术，它与微电子器件和微电子组装技术的发展有着密切的联系。尽管微连接技术在设备、工艺、材料等方面看起来与传统焊接技术显著不同，但是，它并不是存在于传统连接技术之外的新方法，只是由于电子组装涉及的焊点尺寸微小精细（如金属膜与金属膜、金属膜与金属丝、金属膜与金属微球之间的连接）以及焊件多为热物理性质不同材料的组合件，因此需要对焊接热输入进行精确控制，以避免界面反应、应力与应变等因素对接头质量的影响。

5.1 基 本 概 念

5.1.1 电子组装

电子组装是将微电子电路转化成现代电子产品的工艺过程的集合。电子产品是由功能不同的电子元器件组合而成的，电子产品的制造技术取决于电子元器件的形式。早期电子产品采用的电子元器件为功能单一的独立元器件，如电阻、电容、晶体管等，用导线将这些元器件相互连接在一起。随着半导体制造技术的发展，出现了集成电路（integrated circuits，IC），又称芯片，即在单一硅片上制造出一定数量的微晶体管，赋予其以往独立元器件所不具有的强大功能。集成电路的发明为电子产品制造提供了一种功能多、可靠性高、产能大、成本低的新途径，成为电子工业发展的里程碑。

电子组装（electronic packaging，EP）的概念出现在集成电路发明以后。由于制作集成电路的硅片尺寸小、性质脆，在加工与输送过程中，容易因外力或环境因素造成损坏，因此需要使用其他材料对其实行"包装与密封"。另外，集成电路是一种具有特定功能的电子元器件，只有与其他元器件相配合才最终成为用户需要的电子产品，因此不仅需要将它们互联形成电气连接，并且需要具有一定的强度和使用寿命。这种不仅为硅片提供保护，而且提供了集成电路与外界交流的媒介，赋予以集成电路为中心的现代电子产品制造技术就是电子组装。

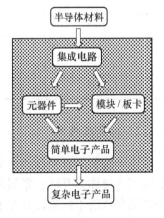

图 5-1 现代电子产品的制造过程示意图

现代电子产品的制造过程大致如图 5-1 所示。从半导体材料（如单晶硅）开始，通过掺杂等半导体技术将硅片制成芯片（集成电路），采用框架、引线键合、密封等将芯片封装成为元器件，采用基板、钎焊连接等将各类元器件组装成板卡，采用连线器等将板卡与其他器件互联成为简单电子产品，最后用线缆等将简单电子产品互联组成复杂电子产品（系统）。图 5-1 中阴影部分包围的制造过程称为电子组装，贯穿电子产品制造的全程。因此，电子组装可定义为将集成电路（裸芯片）组装为电子器件、电路模块和整机的制造过程。

无论是简单电子产品还是复杂电子产品，都是由硅圆片（wafer）通过逐级加工制造出来的，并形成了层次不同的电子产品制造工艺技术，如图5-2所示。首先将硅圆片切分成晶片（chip）黏结到一个封装体内完成其中的电路互联和密封工艺，组装成具有电气性能的电子元件；然后将电子元件安装到 PCB 印刷电路板上，形成相对独立的电路单元；最后将电路单元通过接口形式与主板连接，形成电子产品或电子系统。

一般地，按照电子产品制造层次的主要工艺将电子组装分为四个组装等级，见表5-1。半导体制造过程为零级组装；单芯片组件（single-chip modules，SCM）和多芯片组件/模块

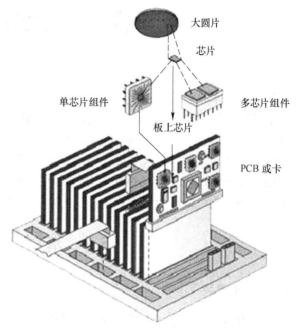

图 5-2　电子产品制造层次示意图

（multi-chip modules，MCM）的加工过程为一级封装或器件级封装；将一级封装和其他元器件一同组装到基板（PCB 或其他基板）上形成板卡的加工过程为二级封装或板卡级组装；将板卡互联成为电子产品或电子系统的加工过程为三级组装或系统级组装。工程上习惯称零级和一级为电子封装，二级和三级为电子组装。

表 5-1　电子组装的分级

工程分级	组装等级	组装层次	用　途
电子封装	零级组装	芯片级	集成电路
	一级组装	器件级	各类电子元器件
电子组装	二级组装	板卡级	组件/简单电子产品
	三级组装	分机级	简单电子产品/分机
		机柜级	复杂电子产品/机柜
		系统级	复杂电子产品

5.1.2　微连接技术

电子组装的首要任务是实现各类元器件间的电气互联与连接。任何两个分支接点之间的电气连接称为互联；紧邻两点（或多点）间的电气连通称为微连接。互联与微连接在电子产品制造的不同阶段具有不同的形式。

（1）零级组装。零级组装即芯片级组装，是将半导体工程制得的集成电路制造成芯片的加工过程。零级组装是以切分好的晶片入手，经过点胶、装片、固定、引线键合、塑料

包封、裁切、引出接线端子、检查、打标等工序，完成半导体芯片，如图 5-3 所示。零级组装的目的在于保障集成电路工作可靠和便于与外电路连接。

零级组装涉及的微连接主要是芯片焊盘与引线接出端子的连接。由于芯片尺寸很小，而引线数量多且分布密集，因此用于零级组装的微连接技术主要有引线键合（wiring bonding，WB）、载带自动键合（tape automated bonding，TAB）和倒装芯片键合（flip chip bonding，FCB）等形式。

（2）一级组装。一级组装即电子器件组装，将半导体芯片制造成各种芯片器件的加工过程。将零级组装得到的半导体芯片固定在基板上、半导体芯片的接线端子与器件的外引脚互联，采用外壳和绝缘包封材料保护半导体芯片，如图 5-4 所示。

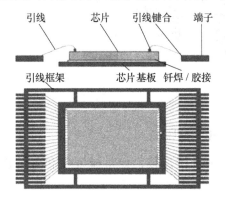

图 5-3 零级组装主要工艺过程示意图

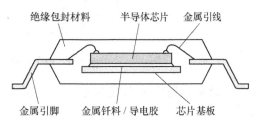

图 5-4 电子器件内部结构示意图

一级组装涉及的微连接技术除了芯片焊盘与引线接出端子的引线键合 WB、载带自动键合 TAB 和倒装芯片封装 FCP 等形式外，还涉及半导体芯片与基板的胶接或钎焊连接。

（3）二级组装。二级组装即部件组装，将各类电子器件，包括芯片器件、阻容元器件以及其他机电器件等，安装和固定在 PCB 板上，通过印刷电路互联成为具有一定功能板卡的制造加工过程。如前所述，某些简单电子产品只需要二级组装就可以完成了。

按照电子器件在 PCB 上的安装形式不同，二级组装有两种基本类型，即通孔插装技术（through hole technology，THT）和表面安装技术（surface mount technology，SMT）两大类。相应地，电子器件也分为通孔插装器件（through hole device，THD）和表面安装器件（surface mount device，SMD）。THD 通常有长长的引脚，印制电路板上预制对应的安装孔，THD 的引脚安装到印制电路板的孔内，并通过钎焊与印制电路实现连接（见图 5-5）。THT 适用于元器件较少的简单电路，可以采用手工钎焊，批量生产时则采用波峰钎焊。

随着 IC 集成规模提高、双排直列形式的元器件无法满足输入/输出（I/O）数目的需求，芯片器件引脚分布在器件的四周，由此产生了表面安装技术。SMD 通常具有短而平的引脚或略突出的金属焊盘（如图 5-6 所示），将其精确放置到相应涂了焊膏的印制电路板上，通过加热钎焊而形成电路板卡。SMT 正在取代 THT 而成为二级组装的主流技术。

（4）三级组装。电路板或卡板连入整机母板上成为电子整机。对于大型、复杂设备，需要多个电路板互联形成一个体系，共同完成所承担的任务。三级组装包括板卡至分机、分机至机柜、机柜至机柜的互联与连接，如图 5-7 所示。

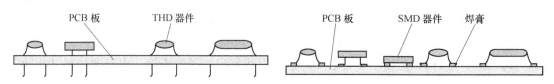

图 5-5　通孔插装器件与组装电路板卡　　　图 5-6　表面安装器件与组装电路板卡

图 5-7　IBM 红杉超级计算机的分机机柜

三级组装通常采取线缆互联，连接方式主要是机械连接，如机械绕接和各类连接器等。

5.2　芯片引线微连接

芯片引线微连接技术，又称引线键合，是通过引线两端分别焊接在芯片与外电路的焊盘上，从而实现芯片与外电路的电气互联。引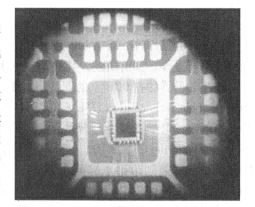线键合是一种点焊工艺，每次只能焊接一个焊点；每一根引线则需要两个焊点方可完成。引线键合工艺一般采用自动化专用设备进行，键合工艺参数可精密控制，并具有引线机械性能重复性高，键合速度快（两个焊接和一个导线循环过程可达 100ms 以下）等特点。引线键合是中、低端器件互联的主要方式，广泛应用于 I/O 数 600以下的各种封装类型的器件键合互联，如图 5-8所示。目前芯片引线连接技术有三种主要形式：热压超声键合、载带自动焊和再流焊。

图 5-8　引线键合互联实例

5.2.1　热超声键合

热压键合（thermo compression bonding，TCB）技术是由美国贝尔实验室于 1957 年发明的，热压引线键合就是在加热和加压的同时，将其芯片金属化层的触点以及引线框架的外引线引出端头，用金属丝通过焊接方式而连接起来。1970 年以后引线键合工艺普遍采用了热压超声键合复合工艺，即热超声键合（thermal ultrasonic bonding，TUB）。热超声键合可以降低热压键合的温度（从单纯的热压键合温度由 300℃ 以上下降至 200 ~ 260℃），使一些耐温不高的外壳或基片（如印制线路板）也能应用引线互联。另外，对一些芯片上的铝层有轻微的氧化时，利用超声热压键合比单纯热压键合的质量更好。

根据压焊工具和引线切断方法的不同，热超声键合可分为楔焊和球焊。两种压焊工具及焊点形态分别见图 5-9 和图 5-10。

5.2.1.1　超声楔焊

引线超声楔焊是利用超声波发生器产生的能量，通过换能器在超高频的磁场感应下，迅速伸缩产生弹性振动，使焊接机头（如楔焊劈刀）相应振动，同时在焊接接头上施加一定的压力，于是劈刀在这两种力的共同作用下，带动一个引线在焊盘表面迅速摩擦，在摩擦热和力的作用下，两者接触面处产生塑性变形，同时金属氧化层被破坏，纯净的金属表面紧密接触达到原子间的结合，从而实现冶金连接。

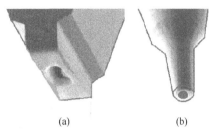

图 5-9　热超声键合两种工具外形
（a）楔焊劈刀；（b）球焊劈刀

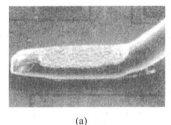 

(a)　　　　　　　　　　(b)

图 5-10　热超声键合的两种焊点形态
（a）楔焊点；（b）球焊点

引线超声楔焊键合的操作过程如图 5-11 所示，主要步骤如下：

（1）在超声振动及键合力的共同作用下，将引线的一端键合到芯片焊盘上，如图 5-11（a）所示；

（2）将引线捡起，形成一个桥形线拱，如图 5-11（b）所示；

（3）将线拱的另一端键合到基板引脚或者其他芯片焊盘上，如图 5-11（c）所示；

（4）在键合点将引线切断，将芯片和母板的电路连接在一起，完成芯片引线互联过程，如图 5-11（d）所示。

由于超声楔焊的工作温度低，并且可对较粗的铝丝和铝带进行焊接，所以在微电子器件电子组装中应用较广，应用举例

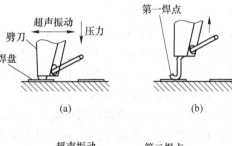

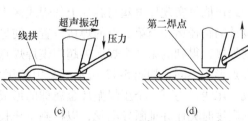

图 5-11　热超声楔焊过程示意图

见表5-2。超声楔焊很适合对温度要求严格的 MOS 器件、电子表芯、微波和高频电子器件的引线焊接，也适合大功率器件陶瓷封装的 IC 和混合电路的引线键合。

表5-2　超声楔焊应用举例

基　体	金 属 膜	材　料	直径或厚度/mm
玻璃	Al	Al 丝	0.05 ~ 0.25
		Au 丝	0.75
	Ni	Al 丝	0.05 ~ 0.5
		Au 丝	0.05 ~ 0.25
	Cu	Al 丝	0.05 ~ 0.25
	Au	Al 丝	0.05 ~ 0.25
		Au 丝	0.075
	Ta	Al 丝	0.05 ~ 0.5
	Cr	Al 丝	0.05 ~ 0.25
		Au 丝	0.075
	NiCr	Al 丝	0.06 ~ 0.5
	Pt	Al 丝	0.25
	AuPt	Al 丝	0.25
	Ag	Al 丝	0.25
Al_2O_3	Mo	Al 带	0.075 ~ 0.125
	AuPt	Al 丝	0.25
	Cu	Ni 带	0.05
	Ag	Ni 带	0.05
石英	Ag	Al 丝	0.25
陶瓷	Ag	Al 丝	0.25

5.2.1.2　金丝球焊

A　金丝球焊工艺过程

金丝球焊（ball bonding，BB）是一种具有代表性的热压焊技术。它具有操作方便，焊接牢固（直径为 25μm 的普通金丝，焊点的抗拉力一般在 0.7 ~ 0.9N），压点无方向性等优点，目前被广泛应用于集成电路和中小功率晶体管的内引线键合工序中。

金丝球焊的操作过程如图 5-12 所示。

利用电弧放电使金丝伸出部分熔化成球形，然后劈刀移动到第一点的焊接位置，通过热和超声能量实现导电丝与芯片上的焊线区表面金属层形成准半球状的焊点；之后劈刀按所设计的路径运动至第二点的焊接位置，使导电丝形成需要的线弧形状，并进行第二个焊点的焊接，得到的第二个焊点为超声楔焊焊点。因此采用金丝球焊引线键合时，引线两端的焊点形态不同，如图 5-13 所示。其中拉尾丝的目的是为了使余下的导电丝在劈刀前端形成一尾线，为下一个压焊循环金属球的形成做准备。当完成第二点焊接后劈刀升高到合适的高度时夹住并扯断导电丝，以控制尾线长度。最后劈刀移回初始位置（即形成球的位置）而完成一个压焊循环。

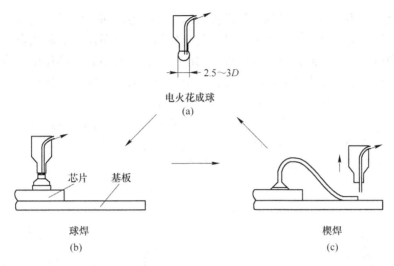

电火花成球
(a)

芯片　基板

球焊
(b)

楔焊
(c)

图 5-12　热超声球焊过程示意图

图 5-13　金丝球焊的两端焊点的形态（左图为第一个焊点，右图为第二个焊点）

　　键合时，键合区温度控制和精确定位、键合时间、超声功率和键合压力、键合工具的质量、手动操作时的平稳性以及键合设备运动机构的稳定性等均会影响键合的质量。其中，主要因素是前三项。因此，控制键合质量的关键在于温度、时间、压力的合理设置和控制。热超声球焊典型工艺参数见表 5-3。

表 5-3　热超声球焊典型工艺参数

参　　数	数　　值
温度/℃	125~150
压力/gf	10~15
功率/mW	130~180
时间/ms	20~30

B　金丝球焊的工艺参数

　　（1）超声功率。随着超声功率的增加，剪切强度会增大到一个最大值，之后如果继续增大超声功率，剪切强度则逐渐下降，如图 5-14 所示。过小的超声功率或键合压力会造成接触不良或不粘；过大的超声功率会导致键合工具以过大的振幅振动，导致键合界面的污染物和氧化物不能有效去除、限制原子的扩散，还可能破坏芯片金属化层，压扁球直径过大。当超声功率设置在适当的范围内，引线的塑性形变较为平缓，能有效去除键合表面的污物和氧化物，为最新的活性原子扩散提供原始的接触区域，原子扩散是从起始结合环由外向里扩张进行的，这种情况的键合是比较充分的，而且还使得金属化合结构间的变化降到最小。当减少键合时间，有可能因键合的能量不够，起不到焊接作用，造成虚焊。此外，过大的超声功率或超声加载时间都会损伤金线颈部或降低其抗拉强度。在引线材质固定的情况下，直径粗的引线需要的超声功率大些。

（2）键合温度。加热温度与焊点剪切力的关系如图 5-15 所示。温度升高到 240℃ 左右时，剪切力强度达到了最大，然后随着温度的进一步升高，剪切力下降。这是由于金线和焊盘随着温度的升高都变得较软，降低了金属间的结合。

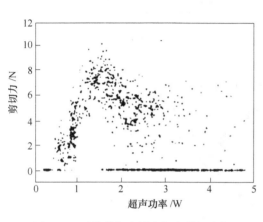

图 5-14　引线热超声键合焊点剪切力与
超声功率的关系

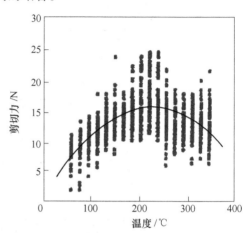

图 5-15　引线热超声键合焊点剪切力与
加热温度的关系

（3）键合压力。键合压力由电机提供并通过接近式传感器进行精确反馈控制，压力范围为 0.1～2Pa，精度 0.002Pa。

线夹的夹持与释放由压电陶瓷器件控制，线夹打开是能提供足够的空间保证引线顺利通过、线夹关闭时则提供足够的夹持力以拉断引线又不损伤引线的完整性。

（4）键合时间。超声波焊接时间过长，使金和铝的压焊点局部温升，温升至 300℃ 以上，则界面形成紫色化合物 $AuAl_2$（即所谓的紫斑）。$AuAl_2$ 是脆性化合物，抗拉强度极低。

（5）球径。金丝球成型工艺参数对焊点性能有明显影响。通过控制打火高压放电时间可以控制金丝球的尺寸，一般要求金丝球的直径为线径的 1.4～3 倍。

金丝球焊的各参数可以单独调整，但需要相互配合才能实现获得良好的焊点。结合各项单元技术，设定精确的电子打火、超声波换能器、线夹驱动、键合压力和劈刀在垂直方向的驱动等的工艺时序图，是保证金丝球焊接头质量的技术关键。

C　常见键合缺陷与原因分析

（1）键合无效。造成键合无效的原因很多，例如工件被污损，劈刀有缺陷、磨损或污染，工件没有夹紧，工件表面有坡度，仅劈刀接触工件，参数不当——压力太小、时间太短、超声功率太小或太高、温度过高或过低，工件表面质量不好，劈刀型号不适合工件，回丝距离不足以在第二点之后断丝，造成第二点在劈刀向上移动时被拉断等。

（2）劈刀不送尾丝。造成劈刀不送尾丝的原因主要有第二键合点过焊（压力太大、时间太长、超声功率太高、引线拉伸太多等造成），劈刀被污染，工件表面有坡度，仅引线接触工件，同时压力过大，工件松动；尾丝长度调节不正确等。

（3）键合后不断丝。这种现象产生的主要原因为尾丝长度调节不正确，夹子没有关闭，夹子的力调节不正确，夹子关闭，但是引线仍可通过夹子滑动，夹子表面污损；由于夹子装配时被损坏，造成其表面不平行等。

（4）第二点被拉起。这主要是因为拉力设置太小，压力太小，时间太短，超声功率太小等。

（5）尾丝不一致。这是楔焊键合时最容易发生的问题，而且也是最难克服的。尾丝太短意味着作用在第一个键合点上的力分布在一个很小的面积上，这将导致过量变形，而尾丝太长则可能导致短路。引线表面污染，引线传送角度不对，楔通孔中有部分阻塞，夹子表面污损，夹子间隙调节不正确，夹子的力调节不正确，引线拉伸错误等。

（6）紫斑或白斑。紫斑或白斑是金丝在铝焊盘上热超声键合时常见的一种组织缺陷，在凹形焊点边缘的金丝表面出现紫色或白色物质（见图 5-16），这两种物质都是 Au、Al 之间在键合过程中形成的金属间化合物：紫色的 $AuAl_2$ 和白色的 Au_2Al。$AuAl_2$ 是一种良导体，熔点为 1060℃；而 Au_2Al 是一种很脆的绝缘体，熔点为 624℃。

（7）键合界面金属间化合物。同样的，金丝在铝焊盘上的热超声键合接头在界面会出现金属间化合物 IMC（见图 5-17），并且这种键合界面 IMC 会在接头储存或服役过程中逐渐生长，如图 5-18 所示。

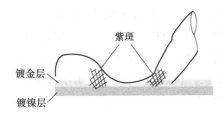

图 5-16　金-铝热超声键合的
紫斑缺陷示意图

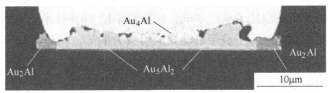

图 5-17　Au 引线键合到 Al-1Si-0.5Cu 焊盘的金属间化合物

（8）芯片破裂。由于封装材料和芯片线胀系数的不匹配，芯片在黏结时会产生应力，这些应力和引线键合过程中产生的热机械应力结合在一起会超过芯片的破裂强度极限，导致芯片封装失效。

（9）焊点处出现凹陷坑。键合焊点下面的硅芯片有可能会有裂痕，因此在键合焊接过程中会产生择点凹陷坑。超声能量可能会引起芯片在与键合工具垂直运动的方向上形成错位等缺陷，这些缺陷会使断裂强度大大降低，进而芯片容易产生凹陷。

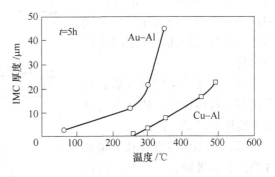

图 5-18　键合界面金属间化合物厚度与
温度的关系

引线键合技术存在一些固有缺陷，如引线并联产生邻近效应，导致同一硅片的键合线之间或同一模块内的不同硅片的键合线之间电流分布不均；键合引线的寄生电感很大，给器件带来较高的开关电压；引线本身很细，又普遍采用平面封装结构，传热性能不够好。

5.2.2 载带自动焊

自动载带焊技术 TAB 是用带状的、具有镂空的引线框的载带，将所有的引线和器件芯片上的焊点一次同时焊上的芯片互联技术。自动载带焊技术始于 1960 年，是在"梁式引线互联"和"面键合（多点焊）技术"的基础上发展起来的。

5.2.2.1 载带自动焊技术特点

载带自动焊的工艺主要是将集成电路芯片上的焊盘（预先形成的凸点）与载带上的焊盘通过引线压焊机自动键合在一起（见图 5-19），然后对芯片进

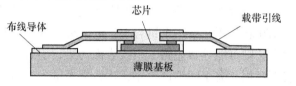

图 5-19　载带自动焊装配示意图

行密封保护。载带是一种具有铜箔线路图案的、边缘有齿孔的柔性高分子薄带，能够像绕电影胶卷一样卷成盘。载带既作为芯片的支撑体，又作为芯片同周围电路的连接引线。载带图形键合区上的金属凸点常用电镀 Au 的 Cu 凸点，芯片上常用 Au 凸点。

TAB 工艺可使用标准化的卷轴长带（可长达 100m），可以同时实现芯片与引线框的多个焊点的键合，键合速度快，生产效率高，容易实现工业化规模生产。同时，TAB 技术的 I/O 密度略高于 WB 技术，能使器件封装厚度更薄、引线更短、电极间距更小（可达 50μm 以内）、外形尺寸更小、产品更轻，从而实现微型封装；TAB 技术的引线电阻、电容和电感也比 WB 技术低，这使得采用 TAB 技术生产的微电子器件具有更优良的高速、高频电性能；由于载带自动焊的引线为铜箔，其导热和导电性能好，机械强度高，键合拉力较强。由于 TAB 技术具有上述明显优点，近些年发展很快，目前该技术主要用于液晶显示器、计算机、手表、智能卡、照相机等产品的电子封装中。

5.2.2.2 载带自动焊工艺

载带自动焊技术的主要工艺流程为（见图 5-20）：芯片凸点制作→载带设计与制作→内引线焊接→检测和筛选→外引线焊接→包封。

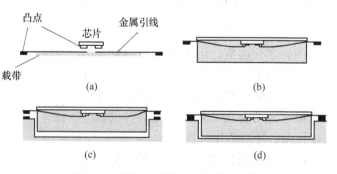

（1）将带凸点的芯片放置在金属薄片载体中央，使凸点与载带引线框的焊盘对正；

（2）采用引线键合技术将芯片凸点和载带键合在一起（内键合）；

（3）采用引线键合将载带金

图 5-20　载带自动焊工艺流程示意图
（a）芯片凸点与载带金属引线对准装配；
（b）芯片凸点与载带金属引线压接（内键合）；
（c）载带与外电路对准装配；（d）载带与外电路互联（外键合）

属电路的另一端与外部电路连接起来，实现芯片电路与外电路的互联（外键合）。

影响载带自动焊质量的关键因素有三个：芯片凸点、载带和键合工艺。

A 芯片凸点

芯片凸点是芯片电极的一种变形。一般在芯片压焊区上增加一层较厚的金属作为压焊面，典型的凸点结构如图 5-21 所示。凸点结构包括黏附层、阻挡层和压焊金属层，一般采用钛/钨/金结构。

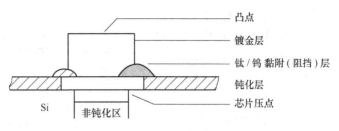

图 5-21 芯片凸点结构示意图

芯片凸点制造工艺如下：首先在前部加工完了的已钝化的晶圆上涂胶，光刻出压焊区，显影后清洗干净并烘干；然后溅射钛和钨，作为黏附（阻挡）层，同时作为镀金阶段的一个电极，钛/钨厚度一般为 1 ~ 2μm；同第一次光刻一样刻出压焊区，然后进行电镀金，镀金凸点的高度一般在 20 ~ 30μm。凸点形成后可进行热处理以降低凸点的硬度并提高可焊性。凸点的形状有两种，一种是蘑菇状凸点，另一种为柱状凸点。群焊情况下对凸点尺寸、特别是高度的要求较高，在同一芯片上的凸点高度误差不大于 5%。

凸点的设计原则是钝化孔小于芯片压焊区金属，而凸点的尺寸应大于钝化孔但小于芯片压焊区金属的面积。这一规则有两个优点，第一是压焊区的金属全部被凸点金属所覆盖，因此不易被腐蚀，第二在压焊过程中可避免对压焊区周围产生损害。

B 载带

载带是载带自动焊技术最重要的组成部分，它具有三个主要功能：

（1）作为内外引线焊接芯片的载体；

（2）提供微连接的引线；

（3）进行芯片的检测和筛选。

载带的制作一般采用光刻铜箔的方法，光刻工艺取决于铜箔厚度、图形精细程度和引线强度等，其制作工艺相当复杂，主要工艺过程包括清洗、涂胶、曝光、显影、腐蚀聚酰亚胺、涂漆、腐蚀铜箔、去胶、烘干等。

载带制作主要工艺流程为：化学处理—涂光刻胶—曝光—显影—腐蚀聚酰亚胺—涂保护漆—腐蚀铝—切割去胶—固化。

载带既可作为 I/O 引线，又可作为芯片的承载体。载带金属有铜和铝两种，前者应用较广泛。载带金属引脚处表面镀金，芯片则采用引线键合制作金凸点，凸点和引线框间采用热压键合连接。

C 引线键合

载带自动焊中的引线键合分为内引线键合和外引线键合。

a 内引线键合

内引线键合是将载带的内焊点同芯片上的凸点键合在一起的工艺过程。工艺成熟的自动化生产中一般采用多点焊或群焊技术，即将一个芯片上的所有焊点在一次键合工艺中完成。内引线压焊方法有再流焊或热压焊，如图 5-22 所示。焊接工艺方法的选择主要取决于金属化系统结构。再流焊要求这些结构一次熔化，并与其配合的金属形成合金，如金/锡结构可以采用再流焊。

b 外引线键合

外引线键合同内引线键合一样也有再流焊、热压焊、超声压焊三种焊接方法，并且也分为多点压焊和单点压焊。外引线压焊一般要在密封、测试后进行。

载带自动焊的芯片密封工艺应在内引线压焊完成之后进行，密封完的电路要进行测试、老化、筛选，然后才能进行外引线压焊。

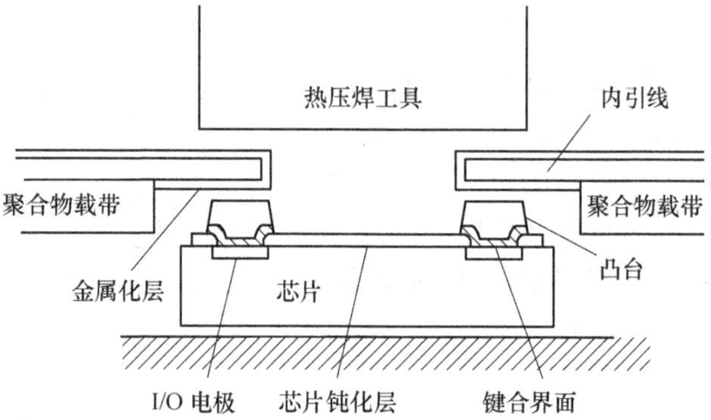

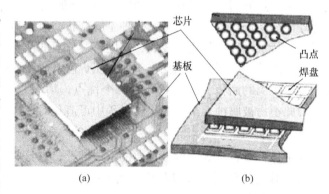

图 5-22   载带自动焊内引线热压键合示意图

5.2.3 倒装芯片键合

倒装芯片键合（flip chip bonding，FCB）技术是将芯片倒扣在封装基板上，通过芯片上的凸点直接与基板电极焊盘互联（见图 5-23）。相对于引线框架键合与载带自动键合都是将芯片的有源区面朝上、芯片背面粘合在基板上而言，FCB 是将芯片有源区面对基板进行键合，故称倒装芯片键合，又称为芯片直接贴装（direct chip attach，DCA）。

（a）

（b）

图 5-23   倒装芯片键合实物与内部结构示意图
（a）实物图；（b）结构示意图

FCB 技术将芯片与基板的粘接、内引线互联和外引线互联等工序合为一个工序完成。由于芯片通过凸点直接连接基板和载体上，键合材料可以是金属引线或载带，也可以是合金焊料或有机导电聚合物制成的凸缘。因此，倒装焊技术相应地可以分为钎焊、热压焊、热压超声焊、粘接等。

5.2.3.1 倒装芯片凸点技术

倒装芯片技术的关键是制造芯片引脚凸点。凸焊点的制作是倒装焊中工艺最复杂的一个步骤，制作方法和材料也各不相同。常见的芯片凸点形成技术有焊料凸点、聚合物凸点和机械形成凸点等。

（1）焊料凸点。对于金属材料的凸焊点制作来说，根据凸点材料熔点的高低大致可以划分为低熔点凸焊点材料（如铅、锡等金属材料及其合金）和高熔点材料（如金、铂等）。倒装芯片中的凸焊点实际上是由焊点下的多层金属膜和凸焊点两部分组成。制作倒装用凸点的方法有许多，包括印刷、打线成型、电镀、喷射成型与蒸镀等，而印刷技术因具备成本低廉、生产灵活的优势，为目前最主要的制作方式之一。但若以电特性与线宽能力评估，光刻结合电镀技术将是未来重要的制造工艺方向。这种方法利用光刻形成图形，确定凸点的位置和大小，可以形成精度较高、均匀性好、间距极小的高密度、高精度的凸点阵列。

作为芯片和基板连接材料，焊料凸点有三种不同位置，其优点也不同。可利用制造芯片的技术和设备，将焊料凸点做在芯片的电极上（见图 5-24）；做在电路基板的焊盘上，缩短芯片的加工时间；同时做在芯片的电极和基板的焊盘上，增大凸点体积，有效提高芯片与基板之间的互联强度。

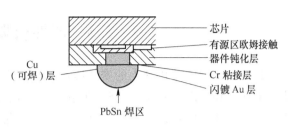

图 5-24　倒装芯片的焊料凸点结构示意图

（2）聚合物凸点技术。各向同性的导电胶黏剂在三个方向上的导电性是相同的。各向异性的（Z 轴）胶黏剂，具有间接的导电性，可应用于形成凸点芯片及压焊。因为各种胶黏剂还不能直接用在铝上，所以通常把它们应用于金焊盘。采用聚合物倒装芯片方法，在晶圆片级状况下可把导电胶用模板印刷成凸点。

（3）机械形成凸点技术。机械形成凸点工艺技术，又称为柱式凸点形成技术，此工艺过程首先涉及对铝芯片载体的金属球压焊技术，随后把焊丝拉到断裂点，最后形成有短尾部的凸点。为了在球附近形成光滑的断裂口，可使用含铂 1% 的金丝。

5.2.3.2　倒装芯片键合工艺

焊料可以是印制基板焊盘上的或芯片凸点上的。基板上的焊料可以刷焊膏再回流形成，也可以是电镀、溅射（或蒸发）获得；芯片凸点上的焊料通常是电镀上去的。倒装凸点密度比较大的，则主要采用电镀、溅射（或蒸发）工艺方法制备；而密度小（如间距大于 0.4mm）、数量少的，则用焊膏印刷然后再回流制备，或直接使用焊料球或焊盘浸焊剂然后回流制备，这样制造的性价比最优，必要时需要清洗掉残留的焊剂，方可确保底部填充质量。

倒装芯片再流焊实际上是一种特殊的软钎焊技术，又称为可控塌陷芯片连接技术。芯片的有源区通过焊料凸点与基板相连，焊点除了起到电气连接、热传导的作用外，同时也在一定程度上作为芯片与基板的机械连接和支撑。

倒装芯片再流焊的工艺流程包括涂助焊剂、芯片贴装、再流加热、底部充胶和固化等几个过程。具体工艺过程如下：芯片制作焊区凸台，凸台表面镀金，周围制作玻璃钝化层，以限制熔化的焊料漫流造成短路；沉积一定量的 SnPb 合金，加热使之再流成焊球；凸台的芯片对准放在厚膜基片焊盘上，加热再流焊，如上下稍有偏移（在半个焊区宽度之内），利用熔化焊料的内聚力可以自动对准，如图 5-25 所示。

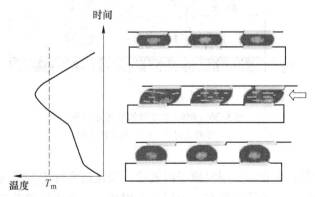

图 5-25　倒装芯片再流焊过程中自对中现象

5.3 器件引脚微连接

按照电子器件在 PCB 上的安装形式不同，板卡级组装有两种基本类型，即通孔插装技术（THT）和表面安装技术（SMT）两大类。通孔插装适用于元器件较少的简单电路的板卡组装，单件及小批量加工可以采用手工钎焊，批量生产时则采用波峰钎焊。表面安装组装技术具有更高的组装密度，通常采用再流焊。目前很多板卡都是混合安装板卡，在一块 PCB 上既有通孔插接器件又有表面安装器件，要根据具体情况安排波峰焊与再流焊的工艺顺序。

5.3.1 波峰焊

波峰焊（wave soldering，WS）是在手工浸焊的基础上发展起来的一种电路板自动焊方法。浸焊（dip soldering，DS）是将装配好的工件与液体钎料接触，液体钎料沿工件表面铺展并填充到待焊部位的装配间隙内，工件离开液体钎料后，液体钎料在毛细作用下附着在工件表面和装配间隙内，随着温度下降液体钎料凝固形成钎焊接头。

5.3.1.1 波峰焊的原理

将已装好电子元件的 PCB 放置在传送带上，随传送带运行，PCB 先浸入焊剂槽，再通过经电动泵或电磁泵喷流成设计要求的熔融焊料波峰，使全部焊点依次全部焊好，实现元器件焊端或引脚与 PCB 焊盘之间机械与电气连接的软钎焊群焊技术。

按照液体钎料中波峰的数量可以分为单峰波峰焊和双峰波峰焊，如图 5-26 所示。对通孔元件来讲，单个波峰就足够了。PCB 板进入波峰时，焊锡流动的方向和 PCB 板的行进方向相反，可在元件引脚周围产生涡流，如同洗刷，将上面所有助焊剂和氧化膜的残余物去除，在焊点到达浸润温度时形成浸润。

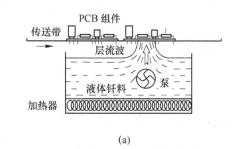

(a)

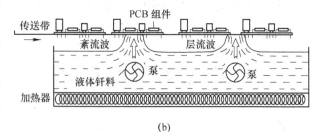

(b)

图 5-26 单峰波峰焊的装置示意图
（a）单峰波峰焊；（b）双峰波峰焊

对于混装元件有时需要双波峰焊接。两个波峰分别是湍流波和平滑（或层流）波。湍流波的湍流部分防止漏焊，它保证穿过电路板的焊料分布适当。湍流波焊料以较高速通过狭缝渗入，从而透入窄小间隙。喷射方向与电路板进行方向相同。单个湍流波不能很好地焊接，它会在焊点上留下不平整和过剩的焊料，需要第二层流波予以消除。层流波实际上与传统的通孔插装组件使用的单波一样。因此，当传统组件在一台机器上焊接时，就可以把湍流波关掉，仅用层流波对传统组件进行焊接。目前应用最普遍的双峰系统，其湍流波往复运动，焊料从喷嘴而不是从一个狭长的缝中喷射。运动着的喷嘴在防止漏焊方面比狭缝更有效，因为它不仅产生湍流，而且具有清洗作用。

5.3.1.2 波峰焊的主要工艺参数

（1）波峰高度。波峰高度是指波峰焊接中的 PCB 浸锡高度，其数值通常控制在 PCB 板厚度的 1/2～2/3，过大会导致熔融的焊料流到 PCB 的表面，形成桥连；过少则焊料填充不足，导致填缝不饱满、虚焊和漏焊等缺陷。

（2）传送倾角。通过倾角的调节，可以调控 PCB 与波峰面的焊接时间，有助于焊料液与 PCB 更快的分离，使之返回锡锅内。

（3）热风刀。热风刀是 PCB 刚离开焊接波峰后，在 PCB 的下方放置一个窄长的带开口的腔体，窄长的腔体能吹出热气流，犹如刀状，故称热风刀，以去除连接处多余焊锡的量。

（4）预热。线路板通过传送带进入波峰焊机以后，经过助焊剂涂敷装置，利用波峰、发泡或喷射等方法涂敷到 PCB 板上。由于大多数助焊剂在焊接时必须要达到并保持一个活化温度，保证焊点完全浸润，因此 PCB 在进入波峰槽前要先经过一个预热区。波峰焊机预热段的长度由传送带的速度来确定。传送带运行速度越快，预热区越长。另外，由于双面板和多层 PCB 的热容量较大，因此它们比单面 PCB 需要更高的预热温度和更长的预热段。

（5）焊料纯度的影响。波峰焊接过程中，焊料的杂质主要是来源于 PCB 上焊盘的铜溶解，过量的铜溶解会导致焊接缺陷增多。

（6）助焊剂。助焊剂涂敷之后的预热可以逐渐提升 PCB 的温度，并使助焊剂活化，减小波峰时产生的热冲击。还可以用来蒸发掉所有可能吸收的潮气，或稀释助焊剂的载体溶剂，以避免在过波峰时沸腾并造成焊锡溅射，或者形成焊点空洞。

（7）工艺参数的协调。波峰焊机的各工艺参数如传送带速度，预热时间，钎焊时间和传送带口倾角等之间需要互相协调，反复调整，以达到最佳匹配，获得最佳性能。

5.3.2 再流焊

5.3.2.1 再流焊的原理与工艺流程

（1）再流焊的原理。表面安装的钎焊工艺基本上都是再流焊技术。再流焊是预先将适量的钎料置于需要钎焊的部位（预敷钎料），加热使钎料熔化进行钎焊的方法。表面安装再流焊工艺使用的是膏状钎焊材料（焊膏或焊锡膏）。通过金属掩膜在印制板上印刷焊膏，再在焊膏上粘贴电子元器件，然后加热熔融焊料，经冷却凝固后形成焊点，实现电子器件引脚与印制电路（外电路）的连接，如图 5-27 所示。

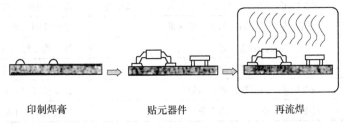

印制焊膏　　　　　贴元器件　　　　　再流焊

图 5-27 再流焊工艺示意图

（2）再流焊工艺参数。再流焊的基本工艺流程简化为：涂焊膏→贴元器件→再流焊接

→检修（每道工艺中均可加入检测环节以控制质量）。

1）涂焊膏。将焊膏自动印刷或用手工点涂方法涂敷到 PCB 图形线路的焊盘上，广泛采用的是印刷涂敷技术。印刷涂敷技术的大致过程为：印刷前将 PCB 放在工作支架上，由真空或机械方法固定，将已加工好的印刷图像窗口的丝网肠模板在金属框架上绷紧，并与 PCB 对准。丝网印刷时，PCB 顶部与丝网（或漏模板）底部之间有一定距离。印刷开始时，预先将焊膏放在丝网（或漏模板）上，使其与 PCB 板表面接触，同时压刮焊膏，通过丝网模板上的印刷图像窗口将焊膏印制在 PCB 的焊盘上。

2）贴装。贴装分为手工贴装和机器自动贴装两种。SMD 生产中的贴装技术通常是指用一定的方式，将片式元器件准确地贴放到 PCB 自定的位置上。贴片机的总体结构大致可分为机架、PCB 传送机构及支撑台、定位系统、光学识别系统、贴片头、供料器、传感器等。

3）再流焊接。再流焊技术的核心环节是利用外部热源加热 PCB 板，使焊膏中的金属焊料熔化而将元器件钎焊在 PCB 焊盘上。再流焊的关键参数是再流焊温度曲线。再流焊温度曲线是指在再流焊过程中，PCB 板上某点温度随时间变化的曲线。再流焊过程主要包括四个阶段：预热段、保温段、再流焊段和冷却段。典型的再流焊曲线如图 5-28 所示。

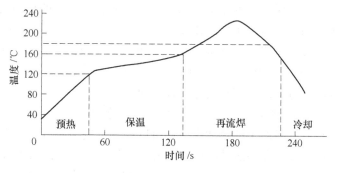

图 5-28 典型再流焊工艺曲线

5.3.2.2 再流焊技术类型

再流焊的加热方式有热板法（利用热容量大的金属板，其内部设有恒温加热炉）、红外线法（利用广谱红外线及热风对流加热）和气相法（利用沸点为 200℃ 以上的惰性液体蒸气加热，常用的惰性液体为全氟三戊胺，沸点为 215℃）等几大类。工业上常用的再流焊加热方式及其特点见表 5-4。

表 5-4 常见再流焊加热方式及其特点

加热方式	优 点	缺 点
热板	设备投资小，温度变化快	需要较平整的表面，仅单面焊接
红外	生产率高，易于实现区域隔离，工艺参数易调整	质量和几何形状受限
汽相	温度恒定、均匀，与几何形状无关，生产效率高	温度受限、操作成本较高
热风	加热速度快，可局部加热，成本低	温度控制困难，生产率低
对流	生产效率高，通用性好	加热速度慢，对钎剂活性要求高
感应	加热速度快，温度容量高	仅用于非磁性材料
激光	局部加热，速度快，焊点质量好	设备投资大，不适用于大规模钎焊
聚焦光束	局部加热，返工和维修方便	依次加热，不适用于大规模钎焊

（1）热板再流焊。热板再流焊（hot-plate reflow soldering，HPRS）的加热源自内部加热的金属平板（热板）。待焊电路板放置于热板上，热量由热板传至电路板，再传到焊膏，

焊膏受热熔化进行电子器件与电路板的钎焊连接。

热板再流焊的优点为通过基板的热传导可缓解急剧的热冲击，并且设备结构简单，价格便宜；缺点主要是温度受基板热传导性的影响，温度分布不均匀，不适合大型基板的焊接。

（2）红外再流焊。红外再流焊（IR reflow soldering，IRRS）设备中有多根棒状或者板状红外线灯作为发热体，产生的红外线及气体对流对装配好的电路板进行加热。

红外再流焊的优点是可采用不同成分和不同熔点的焊膏，由于红外线能使焊剂中的活性剂离子化，提高了焊剂的润湿性，红外线能渗透到焊膏内，使溶剂易于挥发，不会引起焊料飞溅，温度曲线控制方便，加热效率高，成本低，可采用惰性气体保护焊接器件。其缺点是材料不同，热吸收不同，温度控制困难。另外，由于受热不均匀，搭载器件的尺寸、印制线路板的厚度层数等都会造成温差。为了解决这个问题，在进入再流焊炉之前，搭载器件及印制线路板一般都要预热，以尽可能保证系统等温。

（3）汽相再流焊。汽相再流焊（vapor phase soldering，VPS）是以饱和蒸汽凝聚为液体时会放出气化潜热。利用传热系数大的有机溶剂的上述气化潜热作热源，可实现再流焊，又称蒸汽凝聚再流焊。

汽相再流焊的优点是钎焊温度由有机溶剂的沸点决定，而后者是固定的，因此可精确控制，不用担心过高温升。无论钎焊部件的尺寸、形状如何，整个系统都可保证均匀加热。钎焊部件不会发生氧化，浸润性良好。为了减小由于快速加热对器件造成的热冲击，一般要在预热区用红外线灯方式对器件等进行预加热。与其他再流焊的升温、降温曲线相比，VPS方式可以迅速从预加热温度升高到再流焊温度。该方法中有机溶剂的选择极为关键，其沸点应满足再流焊的要求，清洁、无毒性，特别是应具有良好的热稳定性和化学稳定性。

（4）热风再流焊。热风再流焊（hot air reflow soldering，HARS）技术是在90年代逐步开始使用的。利用加热器和对流喷射管嘴（或者热风机）来迫使热气流循环。热风再流焊是以循环流动的热空气或者氮气为导热介质来进行加热的焊接方式，因而温度不稳定，易产生氧化，一般不单独使用。可以将热风再流焊和红外再流焊结合，根据实际生产情况，按一定的热量比例和空间分布，同时采用红外辐射和热风循环对流的混合加热方式，这样就能扬长避短，通过实践证明，混合加热方式适合大批量生产焊接工艺，成品率高。

热风再流焊的优点是加热均匀，温度容易控制；缺点为易产生氧化，强风使元件有移位的危险。

（5）激光再流焊。激光再流焊（laser reflow soldering，LRS）是利用激光优良的方向性和高功率密度的特点，通过光学系统将激光束聚集在很小的区域或很短的时间内，使被焊处形成一个能量高度集中的局部加热区。根据激光束的形状可分为两种技术形式，逐点加热和线段加热，如图5-29所示。逐点加热所需激光功率较小（一般15W左右），激光输出的通断由谐振腔内的光快门控制（每个焊点所需时间为20～40ms），既可移动光

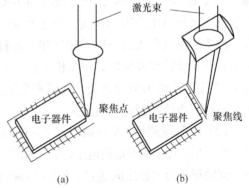

图5-29 激光再流焊的类型

（a）逐点加热；（b）线段加热

束，也可移动工件；线状光束法采用柱面透镜将光束聚焦为线状，电子器件一侧的若干引线经一次激光照射即可完成钎焊，因而缩短了焊接时间。若将激光束分割为平行的两束光，则一次可完成两侧引线元件的焊接，因而对四向引线元件仅需二次激光照射。

激光再流焊的显著优点是可以局部加热，对 PCB、元件本身及周边的其他器件影响小，焊点形成速度快，有利于形成高韧性、低脆性的焊点，提高焊接质量，在多点焊接时，可以使 PCB 板固定而移动激光束，易于实现焊接自动化。

（6）真空再流焊。真空再流焊（vacuum reflow soldering，VRS）的采用主要是解决无铅钎料再流焊过程中呈现出的很多可靠性问题，特别是空洞问题。由于前几种再流焊技术较为传统，所以国内外对相关设备的研究都比较成熟，而真空技术在再流焊机上的应用，国内外存在较大的差距。

5.3.3　微电阻焊

电子组装领域通常采用电阻焊连接金属细丝和金属薄膜，由于所使用的焊接规范远小于其他工业领域的应用场合，因此将这种电阻焊称为微电阻焊。

5.3.3.1　微电阻焊的原理

微电阻焊的基本原理与常规电阻焊一样，是利用电流通过金属焊件的接触面产生的电阻热进行焊接。通常将焊件尺寸（板厚或线径）小于 0.5mm 的电阻焊叫微型电阻焊（简称微电阻焊）。相比常规电阻焊，微电阻焊的电极压力很小、焊接参数控制要求更加精密。

常规电阻焊通常形成熔核的熔化焊，微电阻焊的接头形成机制要复杂得多。并且在电子组装领域的微电阻焊是在金属镀层膜上发生的，这些镀层会使焊接过程变得复杂，甚至改变接头的形成机制。

裸镍板和镀金镍板的微电阻焊研究表明，镀金镍板的接头形成机制包括"固相连接—硬钎焊—熔化焊"三个阶段，而裸镍板的接头形成机制只有熔化焊。镍板表面的 Au 镀层所具有的低电阻和低硬度特性减小了焊接界面的接触电阻，使得焊接过程出现了固相结合和钎焊。

5.3.3.2　典型微电阻焊工艺

（1）交叉线材焊。交叉线材焊是微电阻焊的一种重要应用形式，通常用于电子元件引脚。交叉微电阻实验表明，交叉镍线的接头形成过程按照时间顺序依次为：冷作变形、表面熔化、液相挤出和固相连接。而表面镀金的交叉镍线微电阻焊时，随着焊接电流的增大，接头形成过程依次经历了硬钎焊、硬钎焊/固相焊、固相焊、熔化焊等几个阶段。镀层金属首先使镍线发生钎焊和固相连接，然后有个瞬态液相出现的固相连接过程。不锈钢 SU8304 交叉丝和 TiNi 合金交叉丝的微电阻研究则表明，无需出现熔核，仅仅通过固相连接或硬钎焊也能得到良好的接头。

（2）平行微隙焊。平行微隙焊（stripping welding，SW）或（parallel micro-gap welding，PMGW）是一种单面双电极电阻焊，采用两个靠得很近（几十微米）的劈刀电极，使电流在两个间隙很小的电极之间通过，如图 5-30 所示。平行微隙焊适应性很强，可焊范围广。这种焊接设备可以用于厚膜电路、器件的组装及集成电路内引线，以及电池电极的焊接。

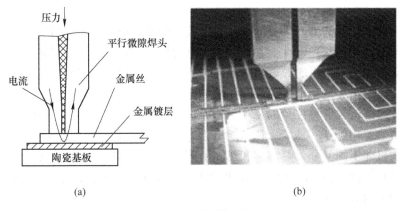

(a)   (b)

图 5-30　平行微隙焊的示意图

（a）平行微隙焊原理；（b）平行微隙焊实例

（3）热熔点焊。利用含有电阻发热元件的焊接机头将线材（金属或塑料）端部加热熔化（流态），并用一定的压力将熔化端部压接到焊件，形成线材与焊件的点焊连接。这种焊接方法对焊件没有高温加热作用，特别适用于对热敏感的基板（例如薄膜覆层基板）与线材的连接，如图 5-31 所示。

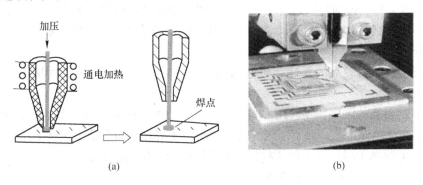

(a)   (b)

图 5-31　线材热熔焊的原理与焊接实例

（a）原理示意图；（b）焊接实例

5.4　芯　片　贴　接

芯片贴接，又称沾片，是将分割成单个的半导体芯片装配到芯片基板（或管座）上的工艺。对于常见的平面型晶体管而言，芯片贴接为集电极制作一个完善的欧姆接触，同时接触处有足够的机械强度，对芯片具有保护作用。

目前应用较广的芯片贴接方法大致分为导电胶粘接和钎焊两类。

5.4.1　导电胶粘接

5.4.1.1　导电胶粘接技术特点

导电胶芯片粘接技术已被广泛接受，主要原因有两个，一是由于这种芯片粘片工艺简便易行，能够获得高的生产率；二是由于其在工艺中固有的热应力不会对芯片产生任何损伤。

导电胶按导电粒子的不同可分为银系导电胶、铜系导电胶、碳系导电胶等。由于银粉具有优良的导电性和化学稳定性，它在空气中氧化极慢，在胶层中几乎不氧化，即使氧化了，生成的氧化物仍有一定的导电性，因而在所有导电胶中银粉导电胶应用的最广，对于芯片粘接这种电气可靠性要求高的场合尤其如此。

为了防止或降低银迁移现象的发生，可加入少量五氧化二钒或采用银或铜（镍、钯、铟、钒）等混合导电粒子，或者采用 Ag-Sn 合金和 Sn-Bi 合金混合作为导电填料。导电胶根据其聚合物机体不同又分为热塑型和热固型两种。热固型银胶比热塑型的有更好的粘接强度、较低的收缩性和较高的抗湿热和化学物质侵蚀能力。因此，银-环氧树脂导电胶是最常用的热固型银导电胶。

银导电胶具有很强的粘接性和优良的导电性，黏度适中，可适用各种胶粘工艺（针筒点胶或丝网涂胶等），具有极高的耐高温性（有的长时间工作可达 150℃，瞬间可达 300℃）。与传统锡铅焊料钎焊相比，银导电胶的主要特性可以概括为：

（1）适合于超细间距，可低至 40μm，比焊料连接间距提高至少一个数量级，有利于电子封装进一步微型化。

（2）导电胶具有较低的固化温度，与焊料连接相比大大减小了连接过程中的热应力和应力开裂失效问题，因而特别适合于热敏感元器件的连接和可焊性不良表面的连接。

（3）导电胶的粘接工艺过程非常简单，具有较少的工艺步骤，因而提高了工业生产效率，并降低生产成本。

（4）导电胶具有较高的柔性和更好的热膨胀系数匹配，改善了连接接头的环境适应性，减少失效。

（5）节约封装的工序。互联图形和结构简单，免去了掩膜等材料和工艺。对于一级封装，免去了底部填充工艺；对于二级封装，则免去了焊剂涂布和清洗工艺。

（6）导电胶属于绿色电子封装材料，不含铅以及其他有毒金属。

5.4.1.2 导电胶粘接工艺要点

在选择好胶黏剂种类和待粘基板以后，需要对待粘面进行表面处理，然后再进行粘接和固化。导电胶粘接的一般工艺流程为表面处理→涂胶→晾置→粘接→固化。

（1）表面处理。表面处理是粘接效果和接头耐久性的主要因素。表面处理的作用主要有除去妨碍粘接的污物及疏松质层，提高表面能，增加表面积以及粘接效果。铜及其合金常用的表面清洗溶剂是丙酮或者三氯乙烯；芯片常用丙酮或乙醇。

（2）涂胶。为使整个粘接面上的胶层厚度均匀，以保证胶层的密实度，一般粘接件的两个粘接表面都需要涂胶。但对于一些流动性较好的胶液，或者在压力下能够紧密贴合的粘接件，也可以采用单面涂胶。涂胶必须保证胶层均匀，胶层中含有气泡或有缺胶现象均会使一些粘接强度要求较高的部位产生薄弱环节，从而降低粘接强度。涂敷一些黏度较大的糊状胶黏剂时，更应防止胶接层中出现气泡。

（3）晾置。涂敷完成后要晾置一定时间，保证胶层中的溶剂充分挥发，以利于排除空气，流匀胶层，增加黏性。一般来讲，晾置时间为 10~30min。晾置时间不宜过长，也不宜过短，长则胶层表面结膜，使粘接强度下降，甚至导致粘接失败；短则残留溶剂，粘接强度也会下降。

（4）粘接。粘接，又称装配、合拢或粘合，即将两被粘物表面涂胶后经过适当晾置紧密贴合在一起，并对正位置，合拢后最好来回错动几次，以增加接触，排除空气，调匀胶层，如发现缺胶或有缝，应及时补胶填缝，合拢之后压出微量胶液为好。

（5）固化。固化可分为初始固化、基本固化和后固化等三个阶段。在一定温度条件（125～150℃）下，经过一段时间达到一定的强度，表面已硬化、不发黏，但固化并未结束，此时称为初始固化或凝胶；再经过一段时间反应基团大部分参加反应，达到一定的交联程度，称为基本固化。后固化是基本固化完成之后继续在一定的温度下保持一段时间，目的是进一步提高固化程度，并可有效地消除内应力。

5.4.1.3　银导电胶粘接的失效形式

由于胶黏剂的强度一般比金属和陶瓷的强度低，所以黏结层被认为是银导电胶粘接结构的最薄弱环节。基于电子器件特殊的工作环境以及材料本身的特性，它的失效形式主要有以下几个方面：

（1）热应力破坏。通过胶粘接得到的芯片-基板组合件是一种特殊的复合结构。当温度发生变化（外界温度变化或者芯片自身工作时发热升温）时，组成材料的热膨胀系数不同，从而导致复合结构的连接界面处产生热应力，加速结构的破坏。此外，高温环境会使聚合物材料的物理性能退化，降低粘接强度；特别是在循环的热载荷作用下，由于结构的组成材料不断地发生膨胀与收缩变形，很容易导致粘接界面发生疲劳失效。

（2）湿应力破坏。由于一般的聚合物都会不同程度地吸收环境中的湿气分子而膨胀，而复合结构的其他元件（如基板、芯片）基本上不吸湿，所以在结构的粘接界面处很容易产生湿应力，加速结构的破坏。与此同时，聚合物材料也会因为吸湿导致其物理性能发生改变，降低粘接强度。如果电子器件在高温高湿环境下工作，由于湿热老化的影响，器件失效的可能性就更大了，使用寿命将会大大降低。

（3）制造缺陷。粘接过程中，粘接界面难免会出现一些气泡、在芯片凸台或者基板底盘附近留下一些空隙。在湿热载荷和温度冲击的作用下，这些气泡与空隙将导致应力集中，也将大大地降低电子器件的热疲劳寿命，加速电子器件的破坏失效。

5.4.2　金-硅共晶合金钎焊

在混合集成电路中，对芯片的贴装多采用导电胶粘接工艺，但是由于导电胶粘接层的电阻率大、导热系数低和损耗大，难以满足各方面的要求；另一方面导电胶随着时间的推移会产生性能退化，难以满足产品 30 年以上长期可靠性的要求。对于背面已制作多层金属化的半导体芯片可以采用普通的回流焊工艺或烧结工艺进行贴装；对于背面未制作任何金属化或仅仅制作了单层金的硅芯片采用金-硅共晶焊工艺是一种可靠的贴装方法。

5.4.2.1　金-硅共晶合金钎焊的基本原理

按照金-硅二元合金相图，质量分数为 3.24% 的硅和 96.76% 的金组合，就能形成熔点为 363℃ 的共晶合金体（远低于金的熔点 1063℃ 和硅的熔点 1414℃）。金-硅共晶合金钎焊就是利用金-硅之间的低熔共晶液相实现芯片与基板的连接的。因此，金-硅共晶钎焊的过程可以描述成在一定的温度（高于 363℃）和一定的压力下，将硅芯片在表面镀金的基板上轻轻揉动摩擦，擦去界面不稳定的氧化层，芯片的硅与基板上的金紧密接触点首先共熔成液态的金硅合金，由两个固相形成一个液相，进一步扩大硅与金的接触面并共熔，直至整个接触面成液态的金硅合金；随后，接头冷却到温度低于金硅共晶点时，由液相形成的固态合金使硅芯片牢固地焊接在基板上，并形成良好的低阻欧姆接触。

金-硅共晶具有机械强度高、热阻小、稳定性好、可靠性高和含较少的杂质等优点，因而在微波等混合集成电路的芯片装配中得到了广泛的应用，并备受高可靠器件封装的青睐。

5.4.2.2　金-硅共晶合金钎焊的工艺参数

在金-硅共晶焊工艺实施过程中，芯片背面氧化、基板镀金层的质量、加热温度、焊接压力是影响连接质量的关键因素，因此必须得到充分重视，并采取相应的措施。

（1）钎料成分。芯片贴接的钎焊方法应用较广的钎料合金为 Au:Si = 98:2 低熔点合金。考虑到集成电路的管座是镀金的，钎焊过程中 Au-Si 共晶液相会产生"吃金"现象，即芯片管座的镀金会进入 Au-Si 共晶液相中引起 Si 含量稀释，从而造成液相的熔点提高。因此，采用含 Si 量略高的 Au-3.5%Si 过共晶合金作为钎料是合适的。

（2）钎焊温度。钎焊温度是所有工艺参数中最为关键的。尽管 Au-Si 共晶点是 363℃，但是由于热量传递条件和温度测量误差等的影响，以及为了对处于室温的硅芯片在焊接时焊区的热量损失及基板的热容量进行补偿，焊接温度必须高于合金熔点。在焊接导热性较差或热容量较大的基板时，焊接温度要适当提高，预热时间也要加长。但是，焊接温度不宜过高，否则会导致芯片电性能的劣化（如击穿电压下降）和焊接表面氧化等。因此，焊接温度也要根据基板的材料、大小和热容量的不同进行相应调整，必要时监测焊接面的温度。为了达到良好的焊接效果，一般将金硅共晶焊接的温度设置为 400 ~ 500℃。当焊接较大面积的芯片时，为防止焊区温度下降过多和缩短焊接时间，可对芯片拾放头加热，一般拾放头的温度在 300℃ 以下。

（3）焊接压力。钎焊过程中对芯片施加一定的压力，确保芯片与基板之间的均衡接触，使两表面结合生成适量的合金。压力太小或不均匀会使芯片与基片之间产生空隙或虚焊；压力过大会增大碎片或将生成的合金从芯片底部过多地挤出的风险。因此焊接时压力的调整非常重要，要根据芯片的大小和镀金层厚度的综合情况进行调整。

（4）芯片镀金层。对于金-硅共晶焊工艺，一般需要有 2μm 以上的致密镀金层才能获得可靠的焊接。随着芯片面积增大，金层的厚度要相应增加，如果镀金层较薄（1μm）时，可预先在芯片背面蒸镀一层金来弥补。如果镀金层太厚，将会增加成本投入。另外，基板镀金层表面必须均匀平整，否则接触面有缝隙存在，共晶液相不易填满缝隙，最终形成焊接空洞。

（5）防止芯片背面氧化。在预热和焊接过程中 Si 会氧化生成 SiO_2，这层 SiO_2 会使焊接浸润不均匀，导致焊接强度下降。即使在室温下，Si 表面也会缓慢氧化。因此，金-硅共晶焊必须在惰性气氛（如 N_2、Ar）中进行，最好加进部分 H_2 进行还原。芯片的保存也应引起足够的重视，不仅要关注环境的温度和湿度，还应考虑到其将来的可焊性，对于长期不用的芯片应放置在氮气或真空柜中保存。

5.4.3　银/玻璃浆料法

银/玻璃浆料的成分设计由功能相、黏结相和有机载体三部分组成。功能相采用银粉，作用是导热和导电；黏结相采用低熔化温度的玻璃粉，它主要通过调整玻璃粉的成分和浆料中的含量，起到低温烧结时的黏结作用，有利于与银导体形成网络状组织，并调节浆料的线膨胀系数，保证半导体芯片与基板贴装时的线膨胀系数相匹配，同时满足芯片与基板黏结强度的要求；有机载体的添加是为了满足半导体芯片与基板的预装配，有机载体的性质、成分和含量将影响浆料的活性、浸润性和流平性。

（1）低温烧结银浆的配制。银粉的纯度为99.95%，球状银粉平均粒径为3.0μm。采用行星球磨机和氧化锆磨球，球料比为3:1，分散剂为无水乙醇，转速为300r/min，球磨时间为20h，使其成为片状银粉。片状银粉和球状银粉按质量比9:1进行混合。玻璃粉主要成分为PbO，同时含有少量的SiO_2和Al_2O_3，将玻璃粉球磨至平均粒径为5.0μm，有机载体以松油醇为主要溶剂，加入乙基纤维素、无水乙醇、氢化蓖麻油分别作为流平剂、表面活性剂和触变剂。按照一定配比在80℃下进行水浴加热，同时搅拌均匀。将混合好的银粉与玻璃粉、有机载体按一定的比例进行混合，研磨均匀后制备成浆料。

（2）芯片贴装烧结工艺。将芯片置入70~80℃的去离子水中进行冲洗，然后在甲苯、丙酮溶液中超声清洗2~3min，再用无水乙醇清洁2~3min，最后用热去离子水冲洗干净后，放入烘箱烘干（（80±5）℃）；陶瓷基板采用高纯氮气吹洗清洁。组装操作过程是将浆料涂刷在芯片和基板上贴装后静置15min，然后放入烧舟中，采用有利于有机载体挥发的阶梯式烧结工艺，烧结气氛为大气，升温速率为2℃/min，组装烧结从室温开始升温至150℃，保温30min；随后升温至300℃和430℃时各保温30min，最后随炉冷却。

【知识点小结】

微连接技术是随着微电子技术的发展而逐渐形成的新兴的焊接技术。电子组装是将集成电路（裸芯片）组装为电子器件、电路模块和整机的制造过程，按照电子产品制造层次的主要工艺将电子组装分为四个组装等级。电子组装的首要任务是实现各类元器件间的电气互联与连接。任何两个分支接点之间的电气连通称为互联；紧邻两点（或多点）间的电气连通称为连接。零级组装主要是芯片焊盘与引线接出端子的连接，一级组装主要有引线键合以及半导体芯片与基板的胶接或钎焊连接，二级组装主要是钎焊（波峰焊与再流焊），三级组装通常采取线缆互联，主要是机械连接，如机械绕接和各类连接器等。

芯片引线连接技术，又称引线键合，是通过引线两端分别焊接在芯片与外电路的焊盘上，从而实现芯片与外电路的电气互联。按照连接条件和连接机理，微电子器件内引线键合可分为三大类：热压键合、超声键合和热压超声键合。

自动载带焊技术TAB是用带状的、具有镂空的引线框的载带，将所有的引线和器件芯片上的焊点一次同时焊上芯片互联技术。倒装芯片键合技术是将芯片倒扣在封装基板上，通过芯片上的凸点直接与基板电极焊盘互联，倒装芯片键合技术可以为钎焊、热压焊、热压超声焊、粘接等。

波峰焊是在手工浸焊的基础上发展起来的一种电路板自动焊方法，将已装好元件的PCB放在机械传送带机构上，先浸入焊剂槽，再通过喷流形成的液体钎料波，使全部焊点依次全部焊好，实现元器件焊端或引脚与PCB焊盘之间机械与电气连接的软钎焊群焊技术。按照液体钎料中波峰的数量可以分为单峰波峰焊和双峰波峰焊。再流焊是预先将适量的钎料置于需要钎焊的部位（预敷钎料），加热使钎料熔化进行钎焊的方法。再流焊加热热源有红外线、热风（温风）、热板、激光等。

　　电阻焊是利用电流通过金属焊件的接触面产生的电阻热进行焊接。通常将焊件尺寸（板厚或线径）小于 0.5mm 的电阻焊称为微电阻焊。微电阻焊的电极压力很小、焊接参数控制更加精密。

　　芯片贴接，又称沾片，是将分割成单个的半导体芯片装配到芯片基板（或管座）上的工艺。目前应用较广的芯片贴接方法大致分为导电胶粘接和钎焊两类。导电胶按导电粒子的不同可分为银系导电胶、铜系导电胶、碳系导电胶等，其中银系导电胶性能最好、应用最广。金-硅共晶合金钎焊就是利用金-硅之间的低熔共晶液相实现芯片与基板的连接的，金-硅共晶具有机械强度高、热阻小、稳定性好、可靠性高和含较少的杂质等优点。银/玻璃浆料的成分设计由功能相、黏结相和有机载体三部分组成。

复习思考题

5-1　什么是微连接技术？

5-2　什么是电子组装，按照电子产品制造层次的主要工艺将电子组装分为哪几个组装等级？

5-3　各级组装涉及的互联与连接形式主要有哪些？

5-4　按照连接条件和连接机理，微电子器件内引线键合可分为哪几类？

5-5　对比说明金丝球焊与楔焊的异同。

5-6　什么是载带自动焊？载带自动焊组装中内、外引线各采用了何种微连接技术？

5-7　什么是倒装芯片？倒装芯片组装采用了何种微连接技术？

5-8　什么是波峰焊、什么是再流焊？

5-9　双波波峰焊中紊流波和层流波各起什么作用？

5-10　什么是平行微隙焊？举例说明平行微隙焊的应用。

5-11　导电胶粘接技术有何优缺点？

5-12　什么是 Au-Si 共晶焊？共晶焊与液相扩散焊有何异同？

参 考 文 献

[1] 杜则裕. 焊接科学基础：材料焊接科学基础 [M]. 北京：机械工业出版社，2012.

[2] 上海市焊接学会. 焊接先进技术 [M]. 北京：上海科学技术文献出版社，2010.

[3] 中国机械工程学会焊接分会. 焊接词典 [M]. 北京：机械工业出版社，2008.

[4] 方洪渊. 焊接结构学 [M]. 北京：机械工业出版社，2008.

[5] 美国焊接学会. 焊接手册//第一卷　焊接基础 [M]. 清华大学焊接教研组译. 北京：机械工业出版社，1985.

[6] 中国机械工程学会焊接学会. 焊接手册//第1卷　焊接方法及设备 [M]. 北京：机械工业出版社，1992.

[7] 白培康. 材料连接技术 [M]. 北京：国防工业出版社，2007.

[8] Seferian D. The Metallurgy of Welding [M]. London：Chapman and Hall，1962.

[9] Eagar T W. Oxgen and nitrogen contamination during arc welding. Proc. of Weldments Physical and Failure Phenonmena, Bolton Landing, Lake George, N. Y., 27-30 Aug, 1978, RJ Cristoffel ed., General Electric, Schenectady, NY, 31-42, 1979.

[10] 陈伯蠡. 焊接冶金原理 [M]. 北京：清华大学出版社，1991.

[11] Kou S. Welding Metallurgy [M]. 2ed. A John Wiley & Sons Inc. the US, 2002.

[12] ［苏］业罗欣 A A. 熔焊原理 [M]. 北京：机械工业出版社，1981.

[13] Es-Souni M, Beaven P A, Evans G M. Microstructure and AEM studies of self-shielded flux cored arc welds [J]. Welding Journal, 1992, 71 (2)：35s～45s.

[14] Lancaster J F. The Physics of Welding [M]. New York：Pergamon Press，1984.

[15] 周振丰，张文钺. 焊接冶金与金属焊接性（2版）[M]. 北京：机械工业出版社. 1993.

[16] Kita S, Shinagawa K. The ABC's of Arc Welding and Inspection (4th ed) [M]. Tokyo：Kobe Steel, LTD. 2011.

[17] 邹僡，魏月贞. 焊接方法及设备——Ⅳ钎焊和胶接 [M]. 北京：机械工业出版社. 1981

[18] Elliott J F, Gleiser M, Ramakrishna V. Thermochemistry for Steelmaking Ⅱ [M]. Addison Wesley, Reading, MA, 1963.

[19] European Aluminium Association. The Aluminum Automotive Manual [M]. Brussels, Belgium version, 2002.

[20] Kim J H, Frost R H, Olson D L. Electrochemical oxygen transfer during direct current arc welding [J]. Welding Journal, 1998, 77 (12)：488～494.

[21] Brijpal S, Khan Z A, Siddiquee A N. Effect of flux composition on element transfer during submerged arc welding (SAW)：a literature review [J]. International Journal of Current Research, 2013, 5 (12)：4181～4186.

[22] Gould J E. An examination of nugget development during spot welding, using both experimental and analytical techniques [J]. Welding Journal, 66 (1987) 1s～10s.

[23] Wei P S, Wu T H. Electrode geometry effects on microstructure determined by heat transfer and solidification rate during resistance spot welding [J]. International Journal of Heat and Mass Transfer, 79 (2014)：408～416.

[24] Chang W R, Etsion I, Bogy D B. Static Fridtion Coefficient Model for Metallic Rough Surfaces [J]. Journal of Tribology, 1988 (110)：57～63.

[25] Yang W, Robrt W, Messler J. Microstructure Evolution of Eutectic Sn-Ag Solder Joints [J]. Journal of Electronic Materials, 1994, 23 (8)：765～772.

[26] 管沼克昭，宁晓山. 无铅焊接技术 [M]. 北京：科技出版社，2004.

［27］陈裕川. 钨极惰性气体保护焊［M］. 北京：机械工业出版社，2015.

［28］黄石生. 焊接科学基础：焊接方法与过程控制基础［M］. 北京：机械工业出版社，2014.

［29］徐峰. 焊接工艺简明手册［M］. 上海：上海科学技术出版社，2014.

［30］陈裕川. 焊条电弧焊［M］. 北京：机械工业出版社，2013.

［31］姜焕中. 焊接方法及设备//第一分册 电弧焊［M］. 北京：机械工业出版社，1981.

［32］杨春利，林三宝. 电弧焊基础［M］. 哈尔滨：哈尔滨工业大学出版社，2003.

［33］袁焕中. 电弧焊及电渣焊［M］. 北京：机械工业出版社，1988.

［34］杨文杰. 电弧焊方法及设备［M］. 哈尔滨：哈尔滨工业大学出版社，2007.

［35］Kumar V, Lee C, Verhaeghe G, Raghunathan S. CRA Weld Overlay-Influence of welding process and pa-rameters on dilution and corrosion resistance. Stainless Steel World America 2010, Houston, Texas, USA, 5 ~ 7 October 2010.

［36］Tseng K H, Lin P Y. UNS S31603 Stainless steel tungsten inert gas welds made with microparticle and nan-oparticle oxides. Materials［J］. 2014, 7（6）：4755 ~ 4772.

［37］Bagger C, Olson F O. Review of laser hybrid welding［J］. Journal of Laser Applications, 2005, 17（1）：2 ~ 14.

［38］Soderstrom E J, Mendez P F. Metal transfer during GMAW with thin electrodes and Ar-CO_2 shielg gas mix-tures［J］. Welding Research, 2008, 87：124 ~ 133.

［39］Palsingh R, Garg R K, Shukla D K. Parametric effect on mechanical properties in submerged arc welding process-A review［J］. International Journal of Engineering Science and Technology（IJEST）, 2012, 4（2）：747 ~ 757.

［40］Sanderson A. Four decades of electron beam development at TWI［J］. Welding in the world, 2007, 51（1）：37 ~ 49.

［41］Ribton C N, Punshon C S. Reduced pressure EB welding in power generation industry［C］// Proc. Int. Forum on Welding Technology in Energy Engineering, Shanghai china, 2005.

［42］Brian M. Victor, Hybrid Laser Arc Welding［J］. ASM Handbook, 2011, 6A：321 ~ 328.

［43］Dilthey U, Masny H, Woeste K. Non vacuum electron beam technology and applications［C］//Electron Beam Technology and Applications Conference, SEBTA 2005, September 28 ~ 30, 2005.

［44］Sanderson A. High Power Non-Vacuum EB Welding［J］. TWI Bulletin. May ~ June 2005.

［45］Farrokhi F, Siltanen J, Salminen A. Fiber Laser Welding of Direct-Quenched Ultrahigh Strength Steels：Evalua-tion of Hardness, Tensile Strength, and Toughness Properties at Subzero Temperatures. J. Manuf. Sci. Eng 137（6）：1012 ~ 1021.

［46］Tusek J, Suban M. Hybrid welding with arc and laser beam［J］. Science and Technology of Welding and Joining, 1999, 4（5）：308 ~ 311.

［47］Kah P, Martikainen J. Current trends in welding process and materials：Improve in effectiveness［J］. Re-views on Advanced Materials Science, 2012, 30：189 ~ 200.

［48］赵嘉华，冯吉才. 压焊方法及设备［M］. 北京：机械工业出版社，2005.

［49］冀殿英. 压焊工艺与设备［M］. 北京：机械工业出版社，1965.

［50］毕惠琴. 焊接方法及设备-电阻焊［M］. 北京：机械工业出版社，1981.

［51］曲文卿，张彦华. TLP 连接技术研究进展［J］. 焊接技术，2002，31（3）：4 ~ 7.

［52］苏晓鹰编译. 特种焊接工艺，超声波焊接的现状及未来前景［J］. 电焊机，2004，34（3）：20 ~ 24.

［53］赵衍华，林三宝，吴林，等. 搅拌摩擦焊应用及焊接设备简介［J］. 电焊机，2004，34（1）：7 ~ 11.

［54］尤世江，刘志强，等. 不同硬度金属的冷压焊［J］焊接技术，1988，6：17 ~ 19.

[55] Bhamji I, Preuss M, Threadgil P L, et al. Solid state joining of metals by linear friction welding: A literature review [J]. Materials Science & Technology. 2011, 27 (1): 2~12.

[56] Nunn M E. Aero engine improvements through linear friction welding [C] //Proc. 1st Int. Conf. on Innovation and Integration in Aerospace Sciences, Queen's University Belfast, Northern Ireland, U K. 2005.

[57] Ahmad Z. Aluminium alloys-new trends in fabrication and applications. InTech, Rijeka, Croatia. 2012.

[58] Thomas W M, Dolby R E. Friction stir welding developments [R]. 6th International Conference on Trends in Welding Research, 15~19 April 2002, Callaway Gardens Resort, Pine Mountain, Georgia, USA.

[59] Vill V I. Friction welding of metals [J]. Wear. 1961, 4 (4): 331~346.

[60] Crossland B. Friction welding [J]. Contemporary Physics. 1971, 6 (12): 559~574.

[61] BSEN 15620: 2000: Welding-Friction welding of metallic materials [S]. British Standards Institution. London, UK, 2000.

[62] Workman G M, Nicholas E D. Friction welding aluminium and its alloys to different materials [J]. Metals and Materials. 1986, 2 (3): 138~140.

[63] Duvall D S, Owczarski W A, Paulonis D F. TLP bonding: a new method for joining heat resisting alloys [J]. Welding Journal, 1974, 53 (4): 203~214.

[64] Cain S R, Wilcox J R, Venkatraman J R R. A diffusional model for transient liquid phase bonding [J]. Acta Materialia, 1997, 45: 701~707.

[65] Atabaki M M, Idris J. Partial transient liquid phase diffusion bonding of Zircaloy-4 to stabilized austenitic stainless steel 321 using active titanium filler metal [J]. Journal of Manufacturing Science and Engineering, 2011, 3 (406): 330~344.

[66] Hou M, Eager M, Thomas W. Low temperature transient liquid phase (LTTLP) bonding for Au/Cu and Cu/Cu interconnections [J]. Journal of Electron. Package, 1992, 114 (4): 443~448.

[67] Kazakov N F. Diffusion Bonding of Materials [M]. Pergamon Press, 1985.

[68] 美国焊接学会钎焊委员会编著, 曹雄夫译. 钎焊手册 [M]. 北京: 国防工业出版社, 1982.

[69] 邓键. 钎焊 [M]. 北京: 机械工业出版社, 1979.

[70] 洪松涛. 钎焊一本通 [M]. 上海: 上海科学技术出版社, 2014.

[71] 张启运. 钎焊文集 [M]. 北京: 北京师范大学出版社, 2009.

[72] 朱艳. 钎焊 [M]. 哈尔滨: 哈尔滨工业大学出版社, 2012.

[73] 赵越. 钎焊技术及应用 [M]. 北京: 化学工业出版社, 2004.

[74] 薛松柏, 顾文华. 钎焊技术问答 [M]. 北京: 机械工业出版社, 2007.

[75] 宋建岭, 林三宝, 等. 铝与钢异种金属电弧熔-钎焊研究与发展现状 [J]. 焊接, 2008, 6: 6~9.

[76] Roberts P M. Introduction to Brazing Technology [M]. CRC Press Inc. Florida, US. 2016.

[77] Air Products' Editorial Review Board. Introduction to furnace brazing. Air Products and Chemicals, Inc. Allentown, PA. US. 2001.

[78] GH Induction Atmospheres. The Brazing Guide. 1~10. http: //www. gh-ia. com/brazing/overview. html.

[79] European Aluminium Association. EAA Aluminium Automotive Manual-Joining & Brazing [M]. Brussels, Belgium. 2015.

[80] Knopp N, Mündersbach, Killing R. Arc brazing-Innovative safe and economical. 2003, EwmHighte Welsing GmbH. 1~8.

[81] Basaka S, Dasa H, Pala T K, Shome M. Characterization of intermetallics in aluminum to zinc coated interstitial free steel joining by pulsed MIG brazing for automotive application [J]. Materials Characterization. 2016, 112: 229~237.

[82] 金德宣. 微电子焊接技术 [M]. 北京: 电子工业出版社, 1993.

［83］田艳红，王春青，刘威，等译．微连接与纳米连接［M］．北京：机械工业出版社，2010.

［84］Licari J J，Enlow L R．混合微电子技术手册：材料、工艺、设计、试验和生产（2 版）［M］．北京：电子工业出版社，2004.

［85］金玉丰，王志平，陈兢．微系统封装技术概论［M］．北京：科学出版社，2006.

［86］Harper C A．电子封装与互连手册［M］．北京：电子工业出版社，2009.

［87］Gilleo K．MEMS/MOEMS 封装技术：概念、设计、材料及工艺［M］．北京：化学工业出版社，2008.

［88］表面安装技术编写组．实用表面安装技术与元器件［M］．北京：电子工业出版社，2010.

［89］中国电子学会电子制造与封装技术分会，电子封装技术丛书编辑委员会组织编写．电子封装工艺设备［M］．北京：化学工业出版社，2012.

［90］张彩云．电阻焊接技术及其应用设备［J］．电子工艺技术，2003，24（5）：201～203.

［91］Ulrieh R J．环氧芯片粘片：大芯片的挑战［J］．微电子技术，1996，24（5）：128～132.

［92］王福亮，韩雷，钟掘．超声功率对引线键合强度的影响［J］．机械工程学报，2007，43（3）：107～111.

［93］田芳，乔海灵，张爱玲．共晶炉控制系统的开发及工艺研究［J］．电子工艺技术，2007，22（5）：185～187.

［94］邹建，吴丰顺，王波，等．电子封装微焊点中的柯肯达尔孔洞问题［J］．电子工艺技术，2010，31（1）：1～5.

［95］杭春进，田艳红，王春青，等．细径铜丝超声键合焊点高温存储可靠性分析［J］．焊接学报．2013，34（2）：13～16.

［96］李福泉，王春青，张晓东．倒装芯片凸点制作方法［J］．电子工艺技术，2003，24（2）：62～66.

［97］余斋，王肇，程俊，等．热压超声球引线键合机理的探讨［J］．电子工艺技术，2009，30（4）：190～195.

［98］Chang B H，Zhou Y．Numerical study on the effect of electrode force in small-scale resistance spot welding［J］．Journal of Materials Processing Technology，139（2003）635～641.

［99］Chen D H，Gu Y，Chen X．Overseas Progress in Electrically Conductive Adhesives for Microelectronic Packages［J］．Electronic Components & Materials．2002，21（2）：34～39.

［100］Sibleurd Paul．Essential Education for Wafer-level packaging［J］．Electronic packaging and production，2001：41（10）：34～38.

［101］Hotechkiss G，Amador G．Wafer level packaging of tape flip-chip chip scale packages［J］．Microelectronics reliability，2001，40：705～713.

［102］Joshi K C．Formation of Ultrasonic Bonds Between Metals［J］．Welding Journal，1971，50（12）：840～848.

冶金工业出版社部分图书推荐

书　名	作　者	定价(元)
中国冶金百科全书·金属塑性加工	本书编委会	248.00
爆炸焊接金属复合材料	郑远谋	180.00
楔横轧零件成形技术与模拟仿真	胡正寰	48.00
薄板材料连接新技术	何晓聪	75.00
高强钢的焊接	李亚江	49.00
高硬度材料的焊接	李亚江	48.00
材料成型与控制实验教程(焊接分册)	程方杰	36.00
焊接技能实训	任晓光	39.00
焊工技师	闫锡忠	40.00
焊接材料研制理论与技术	张清辉	20.00
金属学原理(第2版)(本科教材)	余永宁	160.00
加热炉(第4版)(本科教材)	王　华	45.00
轧制工程学(第2版)(本科教材)	康永林	46.00
金属压力加工概论(第3版)(本科教材)	李生智	32.00
金属塑性加工概论(本科教材)	王庆娟	32.00
型钢孔型设计(本科教材)	胡　彬	45.00
金属塑性成形力学(本科教材)	王　平	26.00
轧制测试技术(本科教材)	宋美娟	28.00
金属学与热处理(本科教材)	陈惠芬	39.00
轧钢厂设计原理(本科教材)	阳　辉	46.00
冶金热工基础(本科教材)	朱光俊	30.00
材料成型设备(本科教材)	周家林	46.00
材料成形计算机辅助工程(本科教材)	洪慧平	28.00
金属塑性成形原理(本科教材)	徐　春	28.00
金属压力加工原理(本科教材)	魏立群	26.00
金属压力加工工艺学(本科教材)	柳谋渊	46.00
钢材的控制轧制与控制冷却(第2版)(本科教材)	王有铭	32.00
金属压力加工实习与实训教程(高等实验教材)	阳　辉	26.00
塑性变形与轧制原理(高职高专教材)	袁志学	27.00
锻压与冲压技术(高职高专教材)	杜效侠	20.00
金属材料与成型工艺基础(高职高专教材)	李庆峰	30.00
有色金属轧制(高职高专教材)	白星良	29.00
有色金属挤压与拉拔(高职高专教材)	白星良	32.00
金属热处理生产技术(高职高专教材)	张文莉	35.00